Blockchain

EBOOK INSIDE

Die Zugangsinformationen zum eBook inside finden Sie
am Ende des Buchs.

Christoph Meinel · Tatiana Gayvoronskaya

Blockchain

Hype oder Innovation

Springer Vieweg

Christoph Meinel
Berlin, Deutschland

Tatiana Gayvoronskaya
Potsdam, Deutschland

ISBN 978-3-662-61915-5   ISBN 978-3-662-61916-2 (eBook)
https://doi.org/10.1007/978-3-662-61916-2

Die Deutsche Nationalbibliothek verzeichnet diese Publikation in der Deutschen Nationalbibliografie; detaillierte bibliografische Daten sind im Internet über http://dnb.d-nb.de abrufbar.

Springer Vieweg
© Springer-Verlag GmbH Deutschland, ein Teil von Springer Nature 2020
Das Werk einschließlich aller seiner Teile ist urheberrechtlich geschützt. Jede Verwertung, die nicht ausdrücklich vom Urheberrechtsgesetz zugelassen ist, bedarf der vorherigen Zustimmung des Verlags. Das gilt insbesondere für Vervielfältigungen, Bearbeitungen, Übersetzungen, Mikroverfilmungen und die Einspeicherung und Verarbeitung in elektronischen Systemen.
Die Wiedergabe von allgemein beschreibenden Bezeichnungen, Marken, Unternehmensnamen etc. in diesem Werk bedeutet nicht, dass diese frei durch jedermann benutzt werden dürfen. Die Berechtigung zur Benutzung unterliegt, auch ohne gesonderten Hinweis hierzu, den Regeln des Markenrechts. Die Rechte des jeweiligen Zeicheninhabers sind zu beachten.
Der Verlag, die Autoren und die Herausgeber gehen davon aus, dass die Angaben und Informationen in diesem Werk zum Zeitpunkt der Veröffentlichung vollständig und korrekt sind. Weder der Verlag, noch die Autoren oder die Herausgeber übernehmen, ausdrücklich oder implizit, Gewähr für den Inhalt des Werkes, etwaige Fehler oder Äußerungen. Der Verlag bleibt im Hinblick auf geografische Zuordnungen und Gebietsbezeichnungen in veröffentlichten Karten und Institutionsadressen neutral.

Planung: Martin Börger
Springer Vieweg ist ein Imprint der eingetragenen Gesellschaft Springer-Verlag GmbH, DE und ist ein Teil von Springer Nature.
Die Anschrift der Gesellschaft ist: Heidelberger Platz 3, 14197 Berlin, Germany

Vorwort

„Die Blockchain – eine „Alientechnologie" oder doch nur ein neuer Verschlüsselungsalgorithmus, der digitale Währungen ermöglicht und der aus Marketingzwecken zu einem Hype gemacht wurde? Auf jeden Fall ist es etwas technisch hoch-kompliziertes und undurchsichtiges, womit nur die Unternehmensgiganten mit ihren Innovation Labs etwas anfangen können." – denken sich die meisten. Die Verwirrung ist verständlich, da auch heute[1] noch über die „richtige" Definition der Blockchain-Technologie diskutiert wird.

In den Jahren 2016 und 2017, als der Hype um die Blockchain-Technologie ihren Höhepunkt erreicht hatte, haben sich zahlreiche Unternehmen auf ein „Blockchain-Experiment" eingelassen. Jedes mit einer eigenen Vorstellung, was die Blockchain ist. So wirkte der Hype um die Blockchain-Technologie nicht nur als Entwicklungstreiber, sondern war gleichzeitig die häufigste Ursache für zahlreiche Misserfolge. Die Planungs- und Entwicklungsphasen vieler Projekte ließen sich extrem verkürzen, um das Produkt schnellstmöglich in den Markt zu bringen und von dem Hype zu profitieren. Auch zahlreiche technische Konzepte und Projekte, die bereits vor der Blockchain-Technologie existiert haben und wenig mit ihrer Innovation zu tun hatten, konnten sich unter dem Namen „Blockchain" besser verkaufen. Dementsprechend ist die Enttäuschung über die durch den Hype hochgepriesene Blockchain-Technologie nicht überraschend. Eine neue Technologie nüchtern zu betrachten ist ein Grundstein des Erfolgs, der durch den richtigen Einsatz möglich wird.

Daher haben wir uns in diesem Buch auf die Innovation der Blockchain-Technologie konzentriert und die Vorteile betrachtet, die uns diese Technologie im Vergleich zu bereits vorhandenen Lösungen bietet. Unser Ziel dabei war, Ihnen einen klaren und umfassenden Überblick über die Blockchain-Technologie und deren Möglichkeiten zu vermitteln und Ihnen helfen, Ihren eigenen Standpunkt zur Blockchain-Technologie zu finden.

Bereits zu Beginn möchten wir Ihnen den Schwerpunkt der Blockchain-Technologie näher bringen. Dafür steigen wir mit dem ersten Kapitel in das Thema der dezentralen Netzwerke ein und machen uns zugleich mit ihren Herausforderungen am Beispiel einer Online-Handelsplattform vertraut. In weiteren Kapiteln erklären wir mithilfe eines

---

[1] Zum Zeitpunkt des Entstehens dieses Buchs.

einfachen Beispiels was die Blockchain-Technologie ist, woher diese kommt und wie sie funktioniert. Bevor wir uns tiefer mit den technischen Fragen beschäftigen, gehen wir auf die notwendigen technischen Grundlage ein. In diesem Kapitel schauen wir uns die einzelne Ansätze, die die Blockchain-Technologie ausmachen, sowie die Art und Weise, wie diese dort zusammengesetzt sind, an. Angehend setzen wir uns mit der Architektur der Blockchain-Technologie mithilfe bekannter Beispielen wie Bitcoin und Ethereum auseinander und gehen dabei auf ihre Herausforderungen wie Sicherheit und Skalierbarkeit genauer ein. Anschließend widmen wir uns den Möglichkeiten, die Sie bei der Einführung der Blockchain-Technologie haben. Unter anderem schauen wir uns die Best-Practice-Beispiele an, um eine bessere Vorstellung zu bekommen, welche Bereiche von der Technologie profitieren können.

Wir begleiten Sie im Buch mit zahlreichen Beispielen und detaillierten Erklärungen und hoffen, dass Sie am Ende unterscheiden können, was an der Blockchain-Technologie wirklich innovativ ist und was nichts weiter als ein Hype ist.

Das vorliegende Buch baut auf unserem Technischen Bericht [1] auf und will einen umfassenden Überblick über das Thema Blockchain bieten. Neben den technischen Grundlagen soll das große Ganze erfasst werden, von der Idee des Bitcoin-Systems bis hin zu den Herausforderungen, vor der die Blockchain-Technologie und ihre Alternativen stehen.

Wir bedanken uns bei Matthias Bauer für seine großartige Unterstützung bei der sprachlichen Gestaltung des Buches.

Potsdam   Prof. Dr. Christoph Meinel und Tatiana Gayvoronskaya
Juni 2020

Literatur

1. C. Meinel, T. Gayvoronskaya, M. Schnjakin, *Blockchain: Hype oder innovation*, (Universitätsverlag Potsdam, Vol. 113, 2017)

Inhaltsverzeichnis

1	**Einführung**	1
	Literatur	4
2	**Was verbirgt sich hinter dem Begriff Blockchain?**	5
	2.1 Blockchain an einem einfachen Beispiel verstehen	7
	2.2 Bitcoin	10
	Literatur	15
3	**Das sollten Sie wissen, um die Blockchain-Technologie zu verstehen**	17
	3.1 Kryptografie	17
	3.1.1 Digitale Signaturen und Hashwerte	18
	3.1.2 Nutzer-Identifizierung und -Adressen	21
	3.2 Austausch unter Gleichen	23
	3.2.1 Verschleierung	28
	3.2.2 Datenschutz und Haftung	30
	3.3 Konsensfindung	31
	Literatur	37
4	**Wo endet der Hype, wo beginnt die Innovation der Blockchain-Technologie?**	39
	4.1 Nachverfolgbarkeit, Fälschungssicherheit, Ausfallsicherheit	41
	4.1.1 Kleinste Bausteine einer Blockchain	42
	4.1.2 Block und Kette	47
	4.1.3 Fortschreibung der Blockchain	51
	4.1.4 Neue Blockchains und Alternativen	56
	4.2 Herausforderungen der Blockchain-Technologie	58
	4.2.1 Mögliche Angriffe	58
	4.2.2 Skalierbarkeit	63
	Literatur	76

5 Richtiger Einsatz verspricht den Erfolg 81
    5.1 Einsatz einer bereits bestehenden Blockchain-Lösung 83
        5.1.1 UTXO-basierte Lösung mit Colored Coins 84
        5.1.2 Accountbasierte Lösung und Smart Contracts 85
        5.1.3 Interoperable Blockchains 88
    5.2 Einsatz einer eigenen neuen Blockchain-Lösung 91
    Literatur 92

6 Projekte und Einsatzbereiche der Blockchain-Technologie 93
    6.1 Finanzwesen 102
    6.2 Identitätsmanagement 103
    6.3 Internet of Things 106
    6.4 Energie 108
    6.5 Logistik 109
    Literatur 110

7 Zusammenfassung 115
    Literatur 121

Anhang A: Byzantine Agreement Algorithmus 123

Anhang B: Automatically use TOR Hidden Services 125

Anhang C: Verifizieren der Transaktion im Bitcoin-System 127

Anhang D: The Byzantine Generals Problem 129

Anhang E: Atomic cross-chain trading 131

Anhang F: Ethereum Roadmap 133

Stichwortverzeichnis 135

Abbildungsverzeichnis

Abb. 2.1	Hardware Wallet Trezor One [10]	13
Abb. 2.2	Hardware Wallet Ledger Nano X [8]	13
Abb. 2.3	Verbreitung der Bitcoin-Währung weltweit [7]	14
Abb. 2.4	Verbreitung der Bitcoin-Währung in Europa [7]	14
Abb. 3.1	Public-Key-Kryptografie	19
Abb. 3.2	Digitales Signieren und Verifizieren einer Nachricht	20
Abb. 3.3	Adressen-Generierung im Bitcoin-System	22
Abb. 3.4	Abstrakte Darstellung der Blockchain-Schichtenarchitektur	24
Abb. 3.5	Vergleich des P2P- und Client-Server-Netzes	24
Abb. 3.6	Auflösung des Domainnamens eines DNS-Seed	26
Abb. 3.7	Verbreitung der Informationen in einem Blockchain-basierten Netz	28
Abb. 3.8	TOR-Netzwerk	29
Abb. 4.1	Beispiel von einem Hype Cycle for Emerging Technologies (2020) [49]	40
Abb. 4.2	Blockstack-Schichtenarchitektur [1]	41
Abb. 4.3	Transaktionen im Bitcoin-System	45
Abb. 4.4	Beispiel einer Bitcoin-Transaktion mit einem Input und einem Output [24]	45
Abb. 4.5	Hash-Baum aus Transaktionen	49
Abb. 4.6	Blockchain	52
Abb. 4.7	Mining-Prozess, Lösen der kryptografischen Aufgabe	53
Abb. 4.8	Public und Private Blockchain	58
Abb. 4.9	Ethereum: Transaktionen pro Tag [32, 41, 42]	63
Abb. 4.10	Bitcoin: Transaktionen pro Tag [31, 34]	64
Abb. 4.11	Skalierbarkeitstrilemma	64
Abb. 4.12	Allgemeines Format einer Bitcoin-Transaktion vor BIP141 und danach [24, 50]	67
Abb. 4.13	Pay-to-Witness-Public-Key-Hash – BIP141 [24, 50]	68
Abb. 4.14	Pay-to-Witness-Script-Hash – BIP141 [24, 50]	68
Abb. 4.15	Ethereum 2.0 – Architektur [58]	71
Abb. 4.16	Netzwerk der Micropayment-Kanäle	75

Abb. 5.1	Colored-Coins-Methode auf Basis der Bitcoin-Blockchain mit einem neuen Wert (Apartment zur Miete)	84
Abb. 5.2	Provable (früher Oraclize) – Datenbote für dezentrale Applikationen [18]	87
Abb. 5.3	Konvertierung der Bitcoins in Sidechain-Einheiten	90
Abb. 6.1	Gem – Blockchain für Gesundheitsdaten [32]	95
Abb. 6.2	Estlands Digitalisierungsweg [27]	101
Abb. 6.3	Self-Sovereign Identity (SSI)	105
Abb. 6.4	DID-Syntax-Beispiel (W3C) [65–67]	106
Abb. 6.5	End-To-End Blockchain-basierte Supply Chain [69]	109

Einführung 1

Zusammenfassung

Es ist sehr bequem, einen Vermittler wie eine Bank zu haben, die in einer brenzligen Angelegenheit eingreifen und den Geldtransfer sowie den Zugang zu Ihrem Konto steuern kann. Auch digitale Dienste wie zum Beispiel soziale Netzwerke, Online-Handel oder Cloud-Speicher stellen uns eine Online-Plattform zur Verfügung und agieren als ein Vermittler zwischen uns, anderen Nutzern, sonstigen Dienstleistern oder einer Infrastruktur. Für Dienste, die wir kostenlos online beziehen, bezahlen wir meist mit unseren Daten. Eine Auflösung des Vermittlers bedeutet auch die Auflösung oder die Aufteilung des Vertrauens, des Managements sowie der Ressourcen auf alle Beteiligte. Wer sichert Sie ab, wenn einer Ihrer Kommunikationspartner ein Betrüger ist? Vertrauen ist ein zentrales Thema in P2P-Netzwerken. Mit diesem Kapitel möchten wir Sie in das Thema der dezentralen Netzwerke einführen und zugleich mit ihren Herausforderungen am Beispiel einer Online-Handelsplattform vertraut machen.

Eine unerwartete Situation – Sie haben bei der Überweisung eines hohen Betrages eine falsche Kontonummer eingegeben. Was nun? Vermutlich ist das Erste, was Ihnen in den Kopf kommt, sich bei Ihrer Bank zu melden. Da Ihre Bank alle Ihre Bankgeschäfte regelt, kann sie problemlos alle Transaktionen nachvollziehen und in Ihrem Fall die besagte Überweisung rückgängig machen. Es ist sehr bequem, einen Vermittler wie eine Bank zu haben, die in einer solchen Angelegenheit eingreifen und den Geldtransfer sowie den Zugang zu Ihrem Konto steuern kann. Und wie wir bereits sehen können: Der Gewinn und der Preis für die Bequemlichkeit ist die Transparenz sowie die Erreichbarkeit unserer Daten für Dritte. Behalten wir das Bank-Beispiel im Kopf und schauen uns weitere Online-Dienste wie zum Beispiel soziale Netzwerke, Online-Handel oder kostenlose Cloud-Speicher an. Der Dienstleister stellt uns eine Online-Plattform zur Verfügung und

© Springer-Verlag GmbH Deutschland, ein Teil von Springer Nature 2020
C. Meinel und T. Gayvoronskaya, *Blockchain*,
https://doi.org/10.1007/978-3-662-61916-2_1

agiert als Vermittler zwischen uns, anderen Nutzern, sonstigen Dienstleistern oder einer Infrastruktur. Für Dienste, die wir kostenlos online beziehen, bezahlen wir meist mit unseren Daten.

Durch die neue Datenschutzgrundverordnung (DSGVO) erwarten wir, dass uns der Dienstleister mitteilt, was mit unseren Daten passiert, z. B. an wen diese weitergegeben werden. Das Vertrauen in den Vermittler, in unserem Fall den Dienstleister, ist „hoch", da wir ihm unsere personenbezogenen Daten anvertrauen. Dem liegt eine Art „Netzwerk-Monarchie" zugrunde, das so genannte Client-Server-Modell. Der Name des Modells stellt bereits bildhaft dessen Bedeutung dar: Sie (der Client) können nach einer Nachfrage bei dem Dienst (bei dessen Server) bestimmte Dienstleistungen beziehen.

Eine Auflösung des Vermittlers zieht notwendigerweise die Auflösung oder die Umverteilung des Vertrauens, des Managements sowie der Ressourcen auf alle Beteiligten nach sich. Eine sogenannte Netzwerk-Demokratie tritt ein, auch als dezentrales Netzwerk oder Peer-to-Peer-Modell (P2P) bezeichnet. Bei solch einem Netzwerk-Modell treten die Teilnehmer an die Stelle des Vermittlers oder, in unserem Beispiel, des Dienstleisters. Das heißt, alle Beteiligten, die im Rahmen eines Dienstes miteinander interagieren, z. B. Sie und derjenige, dem Sie einen Betrag überweisen wollten, sind gleichzeitig Nutzer des Dienstes und Dienstleister. Es stellt sich dabei die Frage, wer nun dafür sorgt, dass der Dienst reibungslos funktioniert, z. B. wenn derjenige, an den Sie die Überweisung adressieren, ein neuer IT-Anbieter aus dem Ausland ist, den Sie aufgrund von guten Bewertungen im Internet ausgesucht, aber bisher noch keinen Kontakt mit ihm gehabt haben. Sie vertrauen ihm nicht wirklich. Wer sichert Sie ab, wenn unter der Maske des IT-Anbieters ein Betrüger agiert?

Vertrauen

Vertrauen ist ein zentrales Thema in P2P-Netzwerken. Ohne einen sogenannten vertrauenswürdigen Dritten sind die Nutzer eines Dienstes gezwungen, entweder einander oder dem System zu vertrauen, das den Dienst anbietet. Es gibt verschiedene Ideen mit dieser Situation umzugehen. Gegenseitiges Vertrauen aufzubauen, kann heißen, die Nutzung des Dienstes mit bestimmten Bedingungen zu verknüpfen, z. B. dass Sie und Ihre Kommunikationspartner ein Video-Ident-Verfahren durchführen und dabei Ihre privaten Informationen preisgeben. Dies ist zeitintensiv und schützt Sie nicht vor Betrug. Eine weitere Möglichkeit ist der Aufbau eines Vertrauensnetzwerks. Sie sind beispielsweise von der fachlichen Kompetenz eines Kollegen überzeugt und sind sich daher sicher, dass der von ihm empfohlene Dienstleister seine Versprechen erfüllen wird. In diesem Fall sind Ihre Teilnahme am System und die Nutzung des Dienstes ebenfalls an Bedingungen geknüpft – Sie müssen jemanden im System haben, dem Sie vertrauen und der Ihnen vertraut. Eine weitere Option in einem dezentralen System Vertrauen zwischen den Beteiligten aufzubauen, ist das Verhalten aller Teilnehmer gegenseitig zu bewerten. In so einem reputationsbasierten System können Teilnehmer einfach dem System beitreten oder dieses wieder verlassen, da ihre Teilnahme an keine Bedingungen geknüpft ist (permissionless system). Ein Beispiel für ein reputationsbasiertes System ist die Handelsplattform eBay.

1 Einführung

Um böswilligen Nutzern die Möglichkeit zu nehmen, andere Nutzer falsch zu bewerten, benötigt so ein dezentrales System aber weitere Restriktionen.

Ressourcenverteilung und -verwaltung
Lassen Sie uns das Beispiel einer Online-Handelsplattform weiterverfolgen. Nur mit dem Unterschied, dass wir nun keine zentrale Instanz haben, über die alle Anfragen laufen und an die wir einen böswilligen Nutzer melden könnten. Wir wollen nun ein dezentrales System nutzen, in dem sich die Benutzer gegenseitig nicht vertrauen, da sie einander nicht kennen und auch sonst keine Bedingungen erfüllen müssen (permissionless system), um dem System beizutreten und den Dienst zu nutzen, außer die App zu installieren. In dem Fall hilft es uns, wenn in unserem System bestimmte Regeln festgelegt werden, denen alle Nutzer folgen müssen. Es wäre falsch anzunehmen, dass alle Nutzer rational handeln und strikt den im System festgelegten Regeln folgen. Aus diesem Grund wollen wir hier die bekanntesten verhaltenssteuernden Maßnahmen – Belohnung und Strafe – vorstellen. In der Praxis heißt das, dass jeder Nutzer in unserem System belohnt wird, wenn er nach den festgelegten Regeln agiert, und bestraft, wenn er gegen die Regeln verstößt.

Wenn die Strafe nicht abschreckend genug ist, werden böswillige Nutzer trotzdem versuchen, die Regeln zu umgehen und unsere Online-Handelsplattform zu manipulieren. Zum Beispiel lohnt es sich für einen Betrüger mehr, einen teuren Fernseher mehrmals zu verkaufen und anschließend, wenn das auffliegt und sein Account gesperrt wird, einen neuen Account zu erstellen, als eine Belohnung für das „ehrliche" Verhalten in Höhe des halben Fernseherpreises zu erhalten. Da alle Nutzer in unserem System gleichzeitig Dienstanbieter sind, alle den gleichen Regeln folgen und die gleichen Rechte haben, werden alle Ressourcen (Daten zu den Produkten, Kommunikationen, Transaktionen, usw.) auf alle Nutzer verteilt, von jedem Nutzer verifiziert und anschließend gespeichert. Wenn so ein böswilliger Nutzer dasselbe Gut mehrfach verkauft[1] und die Informationen zu jedem Verkauf (genauer gesagt die Transaktionen) an alle anderen Nutzer verbreitet, stellen diese den Betrug fest. Wenn der böswillige Nutzer jedoch unsere Online-Handelsplattform mit zahlreichen falschen Identitäten überflutet (auch als Sybil-Angriff bekannt), wird es für die ehrlichen Nutzer schwer, die Wahrheit durchzusetzen. In dem Fall ist es wichtig, dass die ehrlichen Nutzer in der Mehrheit sind.

Wie groß die Mehrheit sein muss, wurde bereits in den 80er-Jahren in einer wissenschaftlichen Arbeit von Leslie Lamport, Robert Shostak und Marshall Pease [1] untersucht und ein tolerierbares Anzahlverhältnis der böswilligen Nutzer im Vergleich zu den ehrlichen Nutzern in einem dezentralen System beschrieben.

Die Problematik der Konsensfindung in einem dezentralen Netzwerk (also trotz der sich widersprechenden Angaben/Aussagen von böswilligen und ehrlichen Nutzern zu einer Einigung zu kommen) wurde als „Problem der byzantinischen Generäle" bekannt (siehe Abschn. 3.3).

---
[1] Auch double spending genannt.

Je mehr böswillige Nutzer ein dezentrales System tolerieren kann, desto robuster ist es. Historisch wurden solche Systeme mit zahlreichen Bedingungen verknüpft (permissioned system), z. B. ob die Anzahl der Systemnutzer und/oder ihre Identitäten allgemein bekannt sind. Bei dezentralen Netzwerken wie dem Internet wäre das ineffizient bis unmöglich. Dagegen funktioniert der in der Blockchain-Technologie verankerte und zum ersten Mal im Bitcoin-System angewendete Nakamoto-Konsens-Mechanismus auch in Netzwerken ohne jegliche Bedingungen für die System-Nutzerzahl oder deren Identifizierung (permissionless system). Die Nutzer sind frei, dem Netzwerk beizutreten und dieses zu verlassen [2].

Tatsächlich ist das Blockchain-Protokoll von Nakamoto explizit darauf ausgelegt, in einem Netzwerk mit Nachrichtenverzögerungen zu arbeiten und wird auch in so einem Netzwerk (dem Internet) ausgeführt [3]. Dieses Protokoll beinhaltet mehrere Regeln/Algorithmen, die die Blockchain-Technologie so sicher gegen Manipulationen machen.

Mit diesem Buch möchten wir Ihnen helfen, einen eigenen Standpunkt zur Blockchain-Technologie zu finden und dabei unterscheiden zu können, was an der Blockchain-Technologie wirklich innovativ und was nichts weiter als ein Hype ist.

Literatur

1. L. Lamport, R. Shostak, M. Pease, *The Byzantine generals problem*, vol 4.3 (ACM Transactions on Programming Languages and Systems (TOPLAS), 1982), pp. 382–401
2. C. Meinel, T. Gayvoronskaya, A. Mühle, *Die Zukunftspotenziale der Blockchain-Technologie*, hrsg. von E. Böttinger, J. zu Putlitz. Die Zukunft der Medizin, Vol 1 (Medizinisch Wissenschaftliche Verlagsgesellschaft, Berlin, 2019), pp. 259–268
3. R. Pass, L. Seeman, A. Shelat, *Analysis of the Blockchain Protocol in Asynchronous Networks*, (Annual International Conference on the Theory and Applications of Cryptographic Techniques, Springer, Cham, 2017), pp. 643–673

Was verbirgt sich hinter dem Begriff Blockchain? 2

Zusammenfassung

Nun sind Ihnen die grundlegenden Herausforderungen bei der sicheren Nutzung dezentraler Systeme bekannt und Sie konnten anhand eines Beispiels nachvollziehen, was die Blockchain-Technologie dabei ermöglicht hat. Nun lassen Sie uns versuchen, bevor wir in das Thema Blockchain tiefer einsteigen, dieses zunächst mithilfe des bereits eingeführten Beispiels besser zu verstehen und eine Grenze zwischen den Begriffen Bitcoin und Blockchain ziehen.

Das Jahr 2008 gilt als Geburtsjahr der Blockchain-Technologie. Im November 2008 legte Satoshi Nakamoto mit seiner Publikation „Bitcoin: A Peer-to-Peer Electronic Cash System" den Grundstein für die Blockchain-Technologie und bereits im Januar 2009 veröffentlichte er die erste Version der Bitcoin-Open-Source-Software.

Es ist immer noch nicht bekannt, wer Satoshi Nakamoto ist. Aus diesem Grund wird vermutet, dass der Name ein Pseudonym ist und für eine Gruppe von Entwicklern steht. Das Bitcoin-System sollte das im Jahr 2008 durch die Finanzkrise angeschlagene Finanzwesen revolutionieren und ein von Dritten unabhängiges, digitales Zahlungssystem bieten. So ist die Kryptowährung namens Bitcoin entstanden, also eine digitale Währung auf Basis eines dezentralen und kryptografisch abgesicherten Zahlungssystems.

> What is needed is an electronic payment system based on cryptographic proof instead of trust, allowing any two willing parties to transact directly with each other without the need for a trusted third party [2]. – Satoshi Nakamoto

Die Idee eines sicheren dezentralen Zahlungssystems gab es bereits vor Bitcoin. Allerdings hatte sich bis dahin keiner der vorgeschlagenen Ansätze durchsetzen können, da es entweder Fehler in der Konzeption oder Probleme mit der Sicherheit[3] gab.

Die dem Bitcoin-System zugrunde liegende Blockchain-Technologie dagegen ermöglicht ein robustes und sicheres dezentrales System ohne jegliche Vorbedingungen an die Anzahl der Systemnutzer oder deren Identifizierung[4] bei gleichzeitiger Sicherheit gegen Sybil- und Double-Spending-Angriffe [3]. Die Begriffe Blockchain und Bitcoin werden fälschlicherweise oft als Synonyme angesehen. Dabei ist Blockchain eine Technologie und Bitcoin ein konkretes System, das die Blockchain-Technologie für digitale Zahlungsabwicklungen verwendet.

Da die Implementierung des Bitcoin-Konzepts Open Source ist, ist es jedem möglich, den Code für eigene Blockchain-Anwendungen einzusetzen und entsprechend anzupassen. Der Begriff Blockchain hat sich erst herausgebildet, nachdem neue bitcoinähnliche Projekte entstanden sind und eine begriffliche Abgrenzung zum bereits bestehenden Bitcoin-System benötigt wurde. In späteren Jahren haben sich weitere Begriffe wie Distributed Ledger Technology durchgesetzt, welche sich auf den bisher meistverbreiteten Anwendungsfall der Blockchain-Technologie, das sogenannte dezentrale „Grundbuch" beziehen [1].

Mittlerweile sind zahlreiche Projekte entstanden, die auf der Blockchain-Technologie basieren und eine Vielzahl von Dienstleistungen und Produkten anbieten. So ist der Einsatz der Blockchain-Technologie nicht nur auf den Bereich der Kryptowährungen oder dezentralen Register (dezentrales Grundbuch) begrenzt, sondern die Technologie wird vielmehr als eine programmierbare dezentrale Vertrauensinfrastruktur genutzt [11], die sogenannte Blockchain 2.0 (siehe Abschn. 4.1.1). Dahinter steht eine Weiterentwicklung des ursprünglichen Konzepts der Blockchain-Technologie. Die bietet nun nicht nur ein robustes und sicheres dezentrales System für Werte-Austausch oder -Protokollierung[5] (Register/Grundbuch), sondern ermöglicht auch digitale autonome Verträge (s. g. Smart Contracts).

Was verbirgt sich also hinter diesem neuartigen Grundbuch oder dieser Vertrauensinfrastruktur und wie können wir das konkret einsetzen? Handelt es sich um ein Allheilmittel für alle Probleme oder aber nur um ein neues, unnötig kompliziertes Hirngespinst von Informatikern, das die Medien für sich entdeckt und zu einem Hype gemacht haben?

---

[3]Problem der doppelten Ausgabe des gleichen Geldes (double spending problem – angenommen man würde einen Geldschein kopieren und diesen in zweifacher Ausführung nutzen/ausgeben), keine Sicherheit gegen Sybil-Angriff (bei diesem Angriff erstellt ein böswilliger Nutzer beliebig viele falsche Nutzer-Identitäten) usw.

[4]Die Nutzer sind frei, dem Netzwerk beizutreten und dieses zu verlassen (permissionless system).

[5]Informationsprotokollierung.

2.1 Blockchain an einem einfachen Beispiel verstehen

Lassen Sie uns die Blockchain-Technologie am Beispiel der zuvor beschriebenen dezentralen Online-Handelsplattform betrachten. So haben wir bereits ein dezentrales System mit zahlreichen Nutzern, die über den ganzen Erdball verteilt sind, einander nicht kennen und nicht vertrauen. Unsere Nutzer müssen keine Bedingungen erfüllen, um dem System beizutreten und den Dienst zu nutzen, außer die entsprechende App zu installieren. Da alle Nutzer unseres Systems gleichzeitig auch Dienstanbieter sind und alle die gleichen Rechte haben, werden alle Ressourcen,[6] sowie die Verwaltung[7] des Systems auf alle Nutzer verteilt, wodurch sie über die App für jeden Nutzer verfügbar sind. Genauer gesagt beinhaltet jede App neben all den Regeln und Funktionen eine Datenbank mit einer Abbildung aller Ressourcen. Zum Beispiel wird Ihre Verkaufsanzeige, die Sie kürzlich erstellt haben, an alle Nutzer im System versendet und in der Datenbank eines jeden Nutzers gespeichert.

So kommunizieren die Apps aller Nutzer miteinander, tauschen alle Daten aus, überprüfen die erhaltenen Daten und speichern diese. Durch unterschiedliche Latenzen werden die Daten unterschiedlich schnell im Internet verbreitet. Da wir keinen zentralen Dienst haben, der die ankommenden Daten aufnimmt und verwaltet, benötigen wir einen Verwaltungsmechanismus, der einen manipulationssicheren Zeitstempeldienst (time stamping) beinhaltet, um die richtige und für alle Nutzer einheitliche Reihenfolge der in das System aufgenommenen Informationen sicherzustellen. Das nächste Beispiel soll dies noch mal veranschaulichen.

> Angenommen Sie haben Ihren Fernseher auf unserer Online-Handelsplattform verkauft. Ihre App erstellt eine Transaktion mit den Verkaufsdaten (z. B. Verkaufsobjekt, Käufer, Preis) und sendet diese an alle Nutzer, die in Ihrer Adressliste stehen. Die Apps dieser Nutzer verifizieren die von Ihrer App verschickte Transaktion anhand der festgelegten Regeln, speichern eine Kopie der Transaktion und schicken diese an die Nutzer in ihren Adressbüchern weiter. So verbreitet sich Ihre Transaktion im gesamten System. Der Käufer Ihres Fernsehers erhält die Transaktion von einem der Nutzer, der seine Adresse in der Adressliste hatte. Er führt das gleiche Prozedere mit der Transaktion durch: verifizieren, speichern und weiterschicken. Bei der Verifizierung stellt die App des Käufers fest, dass diese Transaktion an ihn adressiert ist und visualisiert die Inhalte der Transaktion für den Käufer in der Benutzeroberfläche. Kurz nach dem Kauf entschließt sich der Käufer
>
> (Fortsetzung)

---

[6]Daten zu den Produkten, zu der Kommunikation, zu den Transaktionen usw.
[7]Festgelegte Regeln, Verifizierung der Ressourcen, Kommunikationsaufbau und -führung, usw.

> Ihres Fernsehers, den Fernseher weiterzuverkaufen. Wenn er bereits einen Käufer gefunden hat, erstellt er eine neue Transaktion und verschickt diese. Nehmen wir an, dass sich Ihre Transaktion noch nicht im ganzen Netzwerk verbreitet hat und ein Nutzer die zweite Transaktion zuerst erhält. Dann wird er diese Transaktion bei der Verifikation für falsch erklären, da der Fernseher laut den im System hinterlegten Informationen (Informationen in seiner App) immer noch Ihnen gehört.

Die Blockchain-Technologie nutzt eine kryptografische Verlinkung und ein Zusammenbinden der Inhalte (linked time stamping), um die richtige und für alle Nutzer einheitliche Reihenfolge der in das System aufgenommenen Informationen festzulegen. Da ein dezentrales System, dessen Nutzer an keine Bedingungen gebunden sind, auch unehrliche/böswillige Nutzer anlocken kann, wird das Zusammenbinden der Inhalte mit einer rechenaufwendigen Aufgabe verknüpft.

So setzt die Blockchain-Technologie darauf, dass in einem System ohne Teilnahmebedingungen (böswillige Nutzer können viele falsche Identitäten erzeugen) die Mehrheit der `Rechenleistung` in den Händen der ehrlichen Nutzer ist und nicht, dass die Mehrheit der `Nutzer` ehrlich ist. Dadurch wird die Robustheit der Blockchain-Technologie gewährleistet [3].

Jeder Nutzer kann also einen Zeitstempeldienst erbringen und dabei die im System verbreiteten Inhalte in einer für alle Nutzer einheitlichen Reihenfolge speichern und diese den anderen Nutzern zur Verfügung stellen. Eine Belohnung dient als Motivation für Nutzer, eine rechenaufwendige Aufgabe auszuführen und damit die Sicherheit des Systems zu gewährleisten.

Das heißt, dass jeder Nutzer unseres Dienstes eine Belohnung erhalten kann, wenn er die in seiner App gespeicherten Kopien der im System verbreiteten Inhalte (Anzeigen, Transaktionen, usw.) kryptografisch miteinander verlinkt und an andere Nutzer weiterverteilt. Unser System wäre viel zu langsam, wenn unsere Nutzer jedes Mal, wenn ein neuer Inhalt kommt, eine rechenaufwendige Aufgabe lösen würden und alle Inhalte einzeln miteinander kryptografisch verknüpfen würden. Um den Prozess effizienter zu gestalten, werden unsere Nutzer mehrere Inhalte[8] erst in eine Liste mit einer festgelegten Größe (Bitcoin 1 MB, Ethereum[9] ca. 27 kB) zusammenführen und einen kryptografischen „Fingerabdruck" der Liste erstellen (Merkle-Root[10]). Der Fingerabdruck wird, zusammen mit weiteren Metadaten,[11] der Lösung der rechenaufwendigen kryptografischen Aufgabe

---

[8]Informationen, Werte.
[9]Mai 2020.
[10]Mehr dazu im Abschn. 4.1.1
[11]Mehr dazu im Abschn. 4.1.2.

2.1 Blockchain an einem einfachen Beispiel verstehen

und dem „Link" auf die bereits vorhandenen Inhalte,[12] in einem Listen-Kopf (Header) zusammengestellt. Die Liste der Inhalte, zusammen mit den zusätzlichen Informationen (Listen-Kopf), wird in der Blockchain-Technologie `Block` genannt und der Listenkopf entsprechend `Block Header`. Der Link zu den bereits vorhandenen Inhalten ist nichts anderes als ein kryptografischer „Fingerabdruck" vom Block-Header des vorherigen Blocks.

Nachdem ein Block erstellt ist, wird dieser so wie die anderen Inhalte an alle Nutzer verbreitet. Jeder Nutzer verifiziert den erhaltenen Block, fügt dessen Kopie zum letzten Block in seiner Datenbank hinzu und sendet diesen an andere Nutzer weiter. So entsteht eine geordnete Block-Kette; daher kommt der englische Begriff `Blockchain`. Die Inhalte, die bereits in einen neuen Block aufgenommen wurden, werden aus dem Zwischenspeicher gelöscht und bleiben in Form eines Blocks in den Datenbanken der Nutzer gespeichert.

Da wir ein dezentrales System haben, kann es dazu kommen, dass mehrere Nutzer die rechenaufwendige kryptografische Aufgabe gleichzeitig lösen und je einen neuen Block mit den gleichen Inhalten erstellen und verbreiten. Wenn diese Blöcke allen Regeln entsprechen und sich auf denselben letzten Block beziehen, kann es zu einer Verzweigung der Kette kommen. Diese Verzweigung wird auch `Fork`[13] genannt.

Die Lösung dafür ist gleichzeitig die wichtigste Regel in einem Blockchain-basierten System: „Die längste Kette ist gültig, da der Arbeitsaufwand dort entsprechend höher ist". Diese Regel wird auch `Nakamoto-Konsens` genannt (mehr dazu im Abschn. 3.3). Durch die Latenz des Netzwerks verbreiten sich die Blöcke unterschiedlich schnell. Das heißt, dass der Nutzer, der einen neuen Block erstellen möchte, diesen mit dem Block verlinkt, den er zuerst erhalten hat. Die Belohnung wird allein an den Nutzer ausgeschüttet, dessen Block in der längsten Kette ist. So wird sich nach einiger Zeit nur eine einzige Kette durchsetzen. Die kürzeste Kette wird ignoriert; deren Blöcke werden `orphan blocks` (siehe Abb. 4.6) genannt. Die darin enthaltenen Informationen[14] verfallen aber nicht. Wenn diese noch nicht in den gültigen Blöcken enthalten sind, werden sie wieder in den Zwischenspeicher der Nutzer aufgenommen.

> Dank des kryptografischen Zeitstempeldienstes (linked time stamping) und der rechenaufwendigen kryptografischen Aufgabe wird der Plan eines böswilligen Nutzers, der das Geld für seinen Fernseher mehrfach einnehmen möchte, nicht so einfach aufgehen. In jeder seiner betrügerischen Transaktionen weist er das
>
> (Fortsetzung)

---

[12] Informationen, Werte, die bereits in die Datenbank der Apps aufgenommen wurden.
[13] Auf Deutsch: Gabel.
[14] Im Bitcoin-System – Werte in Form von Transaktionen.

gleiche Objekt (Fernseher mit einer bestimmten Identifikationsnummer) einem neuen Inhaber/Empfänger zu, bestätigt die Transaktion mit seiner Signatur und versendet diese an weitere Nutzer. Nur eine der Transaktionen wird in einen neuen Block aufgenommen (die, die zuerst bei dem Nutzer angekommen ist, der den Block erstellt). Die anderen werden für ungültig erklärt.

Wenn der böswillige Nutzer aber über mehr Rechenkapazität als alle andere Nutzer zusammen verfügen würde, dann könnte er die Erstellung neuer Blöcke monopolisieren und dadurch eine eigene Blockchain, die längste Kette, durchsetzen. Diese Vorgehensweise ist auch als 51-Prozent-Angriff bekannt.

In dem Fall kann der böswillige Nutzer eine zweite Transaktion mit demselben Produkt (dem Fernseher, der bereits an einen Nutzer verkauft worden ist) und einem neuen Käufer erstellen. Zuerst wartet er ab, bis seine erste Transaktion in einen gültigen Block aufgenommen wurde und er das Geld für den Verkauf erhalten hat. Dann erstellt der böswillige Nutzer einen neuen Block, in dem die zweite Transaktion enthalten ist, und verbreitet diesen im Netzwerk. Wichtig dabei ist, dass der Vorgängerblock der ersten und der zweiten Transaktion derselbe ist. So entsteht eine Verzweigung der aktuell gültigen Kette, ein sogenannter Fork. Der böswillige Nutzer muss die neue Kette solange durchsetzen,[15] bis sie länger als die andere Kette ist und er für seine zweite Transaktion ebenfalls das Geld erhält.

Im Bitcoin-System wäre solch ein Angriff nahezu unmöglich, da der Schwierigkeitsgrad der kryptografischen Aufgabe im Vergleich zu anderen blockchainbasierten Systemen sehr hoch ist und einen enormen Energieverbrauch (siehe Abschn. 3.3 und 4.1.3) zur Folge hätte.

Wie diese Themen zusammenhängen, erfahren Sie in den nächsten Kapiteln. Bevor wir uns den technischen Grundlagen der Blockchain-Technologie widmen, schauen wir uns kurz die erste Blockchain-Applikation, das Bitcoin-System, genauer an.

2.2 Bitcoin

Mit dem Begriff Bitcoin verbindet sich die erste Anwendung der Blockchain-Technologie, also mit einem dezentralen und kryptografisch abgesicherten Zahlungssystem. Dabei

---

[15] Indem er für diese neue Blöcke erstellt.

2.2 Bitcoin

wird an Stelle einer Fiatwährung[16] mit einer digitalen Währung, einer sogenannten Kryptowährung namens Bitcoin (BTC[17]), gehandelt.

Die dem Bitcoin-System zugrunde liegende Blockchain-Technologie ermöglicht ein robustes dezentrales System ohne jegliche Anforderung an die Anzahl der Systemnutzer oder deren Identifizierung.[18] Dabei sind alle Nutzer gleichzeitig Dienstanbieter, verfügen über die gleichen Rechte und die gleiche Kopie der Datenbank (public blockchain – mehr Informationen dazu finden Sie im Abschn. 4.1.4).

Diese Datenbank lässt sich mit einem öffentlichen Register oder Grundbuch vergleichen, das aus geordneten und unveränderbaren Einträgen besteht und von allen Nutzern konsistent anhand eines Konsenses (die längste Kette ist gültig und bedeutet mehr Aufwand[19]) fortgeschrieben wird. Im Bitcoin-System zum Beispiel stellen diese Registereinträge Transaktionen dar [3]. In den Transaktionen werden Bitcoin-Werte (Bitcoins) von einer Adresse (vergleichbar mit einer Kontonummer) auf eine andere überschrieben.

Oft wird die Blockchain-Technologie „Internet der Werte" oder auf Englisch „Internet of Value" genannt, da es in den meisten Anwendungsfällen im Wesentlichen darum geht, den Besitz bestimmter Werte dezentral zu protokollieren, also wann ein Wert bei wem im Besitz war. Außer Kryptowährungen können die Werte zum Beispiel Wertpapiere, ein gemietetes Apartment, das seine Mieter wechselt, eine Kilowattstunde Solarstrom, die zwischen Nachbarn gehandelt wird, oder die Berechtigung, eine Bürotür aufzuschließen, darstellen, welche dann im Blockchain-„Register" protokolliert werden.

Da die Datenbank öffentlich ist, bedeutet dies im Bitcoin-System zum Beispiel, dass die Informationen, wer von wem wann wie viele Bitcoins erhalten hat, öffentlich sind und der „Kontostand" sowie alle Transaktionen einer Adresse[20] nachvollziehbar sind [5]. Die Offenlegung aller Informationen hilft zwar, die Sicherheit des Systems zu gewährleisten (jeder darf alle Inhalte verifizieren) und eine bessere Skalierung in Bezug auf die Systemnutzerzahl zu ermöglichen (jeder darf dem System beliebig beitreten oder es verlassen), beeinträchtigt aber die Privatsphäre der Nutzer.

Um die Identität der Nutzer zu verschleiern, werden bei vielen Blockchain-Anwendungen einschließlich Bitcoin Pseudonyme (s. g. Nutzer-Adressen, vergleichbar mit einer Kontonummer) verwendet, die schwierig zum Endnutzer zurückverfolgbar sind (siehe

---

[16] Fiatwährung oder Fiatgeld ist Geld, das durch keine Vermögenswerte gedeckt ist. Das Geld wird als Tauschmittel verwendet, hat aber keinen eigenen Wert. Heutige Währungssysteme sind meist nicht mit einem Rohstoff gedeckt. Zum Beispiel wird das von einer Zentralbank ausgegebene Geld wie Euro oder Dollar als Fiat-Geld bezeichnet.

[17] BTC ist die Bezeichnung der Bitcoin-Währung. Bitcoin hat mehrere dezimale metrische Einheiten. Z. B. sind 0,1 BTC ein Deci-Bitcoin (dBTC), 0,01 BTC ein Centi-Bitcoin (cBTC), 0,001 BTC ein Milli-Bitcoin (mBTC), 0,000001 BTC ein Micro-Bitcoin (μBTC) und 0,00000001 BTC ein Satoshi – die kleinstmögliche Einheit.

[18] Die Nutzer sind frei, dem Netzwerk beizutreten und dieses zu verlassen (permissionless system).

[19] Rechenaufwendige kryptografische Aufgabe für jeden Block in der Kette.

[20] Vergleichbar mit einer Kontonummer, mehr dazu im Abschn. 3.1.2.

Abschn. 3.1.2 und 4.2). Zusätzlich zu den Pseudonymen werden weitere Verschleierungsmöglichkeiten angeboten, zum Beispiel auch für das Bitcoin-System:

- Einsatz des anonymen Netzwerks TOR [9] für die Verschleierung der IP-Adressen,
- Anonyme Mixing-Services (auch tumbler genannt) sollen die Empfänger der Transaktionen verschleiern. Die zu überweisenden Bitcoins werden dazu in mehrere Teile aufgeteilt und an mehrere vom Mixing-Service-Anbieter vorgeschlagene Adressen verschickt. Anschließend wird die gleiche Anzahl an neuen Bitcoins von diesen Adressen an den eigentlichen Empfänger gesendet. Dieser Service setzt natürlich das Vertrauen des Nutzers voraus und ist auch nicht in jedem Land legal.

Bitcoins können, wie viele andere Währungen, über zahlreiche Plattformen im Internet gegen eine Gebühr gekauft und umgetauscht werden, etwa über CoinBase, BitPay oder AnycoinDirect. Da die Nachfrage nach Bitcoins sehr stark schwankt, unterliegt auch der Preis starken Schwankungen. Innerhalb einer Woche hat sich der Preis in der Vergangenheit schon um bis zu 25 Prozent verändert. Der Bitcoin-Kurs erreichte in den letzten Jahren immer wieder neue Rekordwerte. Im Dezember 2017 lag der Wert eines Bitcoins (BTC) kurzzeitig bei knapp 16.000 Euro, stürzte jedoch bis Anfang Februar 2018 auf 5.500 Euro ab. Im Januar 2019 kostete ein Bitcoin ca. 3.000 Euro und im Januar 2020 überschritt der Bitcoin-Kurs die 7.000 Euro-Schwelle.

Das Bitcoin-System sorgt für einen konstanten Zufluss von neuen Bitcoins. Diese werden im Rahmen der Blockerstellung als Belohnung an die blockerstellenden Nutzer ausgeschüttet. 2013 waren bereits acht Millionen Bitcoins in Umlauf, im Juni 2019 fast 18 Millionen. Die von Satoshi Nakamoto in der Bitcoin-Architektur festgesetzte Obergrenze liegt bei 21 Millionen Bitcoins und wird 2032 zu 99 Prozent erreicht werden [4]. Durch die definierte Obergrenze von existierenden Bitcoins kann keine unendliche Inflation auftreten [6].

Um Bitcoins zu verwalten (überweisen, empfangen, aufbewahren), benötigt der Nutzer eine Bitcoin-Geldbörse; diese wird auch Wallet genannt. Dafür gibt es mobile, Desktop- und Web-Anwendungen. Es gibt ebenfalls physische Bitcoin-Geldbörsen, wie Hardware- und Papier-Geldbörsen[21] (Abb. 2.1 und 2.2). Die Kryptowährungsgeldbörsen (Wallets) analysieren die Blockchain und zeigen dann zum besseren Überblick des Nutzers dessen ein- und ausgehende Transaktionen und den aktuellen Geldbestand an.

Die Währung Bitcoin wird bereits von vielen Unternehmen vom IT-Dienstleister bis hin zur Gastronomie als Zahlungsmittel akzeptiert (Abb. 2.3 und 2.4).

Nach diesem kurzen Überblick über die Blockchain-Technologie und das Bitcoin-System werden wir in den nächsten Kapiteln tiefer in die Materie einsteigen. Dazu schauen wir uns zunächst die Grundlagen an, die für das Verstehen der Blockchain-Technik notwendig sind.

---

[21]Mehr zum Thema Hardware-Wallet im Abschn. 4.2.

Abb. 2.1 Hardware Wallet Trezor One [10]

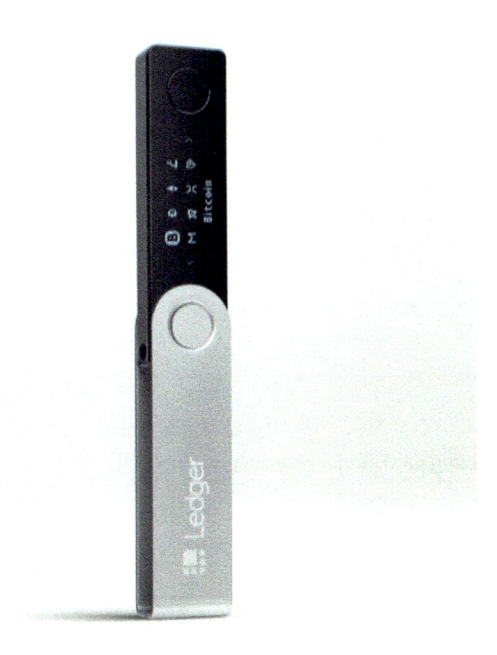

Abb. 2.2 Hardware Wallet Ledger Nano X [8]

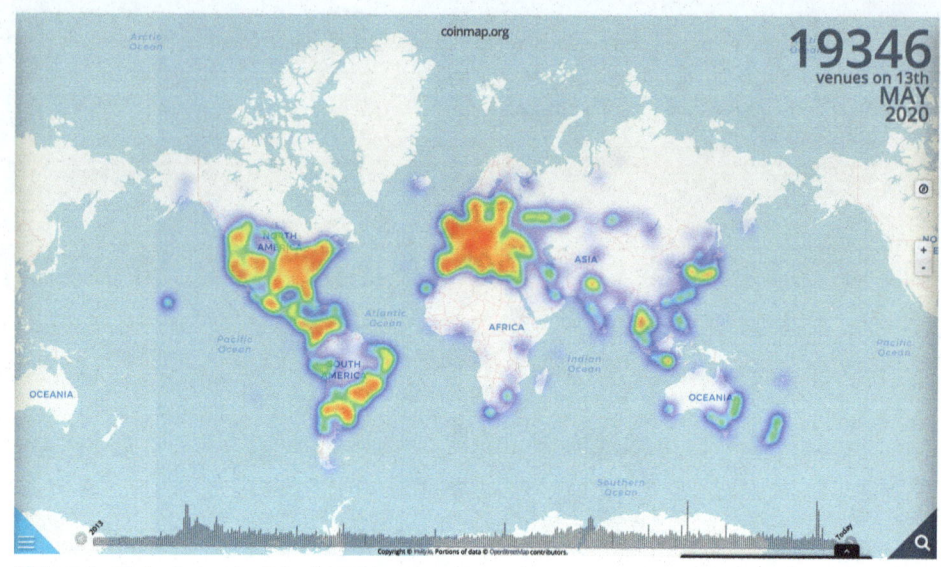

Abb. 2.3 Verbreitung der Bitcoin-Währung weltweit [7]

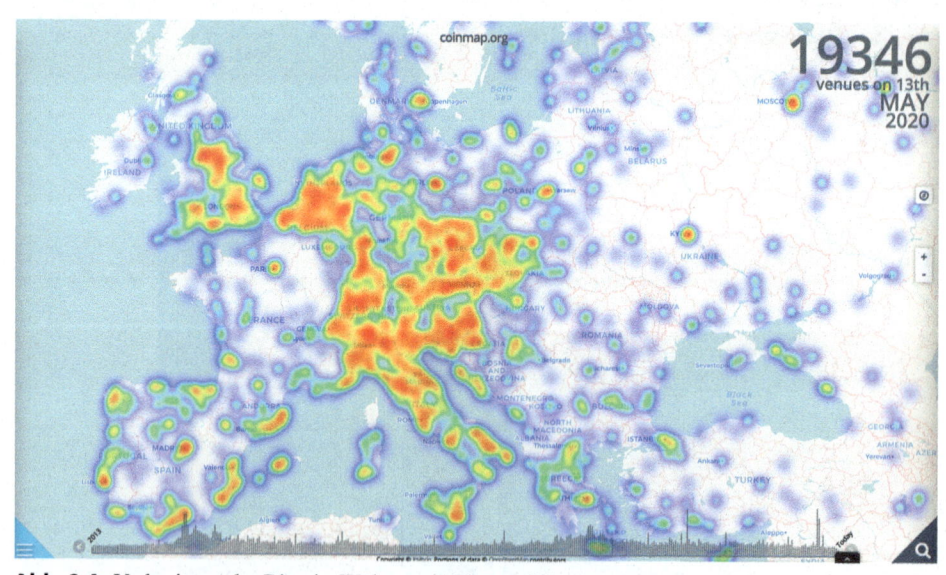

Abb. 2.4 Verbreitung der Bitcoin-Währung in Europa [7]

Literatur

1. C. Meinel, T. Gayvoronskaya, A. Mühle, *Die Zukunftspotenziale der Blockchain-Technologie*, hrsg. von E. Böttinger, J. zu Putlitz. Die Zukunft der Medizin, Vol 1 (Medizinisch Wissenschaftliche Verlagsgesellschaft, Berlin, 2019), pp. 259–268
2. S. Nakamoto, *Bitcoin: A peer-to-peer electronic cash system*, (2008)
3. R. Pass, L. Seeman, A. Shelat, *Analysis of the Blockchain Protocol in Asynchronous Networks*, (Annual International Conference on the Theory and Applications of Cryptographic Techniques, Springer, Cham, 2017), pp. 643–673
4. *3sat – Bitcoin, der Wert der digitalen Währung schwankt extrem*, http://www.3sat.de/page/?source=/nano/glossar/bitcoin.html. Besucht am 14.09.2017
5. *Bitcoin – Schützen Sie ihre Privatsphäre*, https://bitcoin.org/de/schuetzen-sie-ihre-privatsphaere. Besucht am 17.04.2017
6. *Bitcoin Wiki – Hauptseite*, https://de.bitcoin.it/wiki/Hauptseite. Besucht am 01.12.2019
7. *Coinmap.org*, https://coinmap.org/view/. Besucht am 13.05.2020
8. *Ledger SAS – Bild von Ledger Nano X*, (Mit freundlicher Genehmigung von © Ledger SAS. All rights reserved.)
9. *Tor Project – TOR*, https://www.torproject.org. Besucht am 20. Mai 2019
10. *SatoshiLabs – Bild von Trezor One*, (Mit freundlicher Genehmigung von SatoshiLabs s.r.o. © All rights reserved.)
11. M. von Haller Gronbaek, in *Blockchain 2.0, smart contracts and challenges*, Bird & Bird. (2016), https://www.twobirds.com/en/news/articles/2016/uk/blockchain-2-0--smart-contracts-and-challenges. Besucht am 28. Oktober 2017

3 Das sollten Sie wissen, um die Blockchain-Technologie zu verstehen

Zusammenfassung

Der Rahmen für das Thema Blockchain ist nun bereits gesetzt und manchem Leser fehlt vielleicht nur die notwendige technische Grundlage, um den gesamten Mechanismus der Blockchain-Technologie zu verstehen. In diesem Kapitel möchten wir Ihnen die einzelnen Ansätze, die die Blockchain-Technologie ausmachen, sowie die Art und Weise, wie diese dort zusammengesetzt sind, genauer erläutern.

Die Innovation der Blockchain-Technologie ist weder ein neuer Verschlüsselungsalgorithmus noch eine „Alientechnologie", sondern eine erfolgreiche Kombination bereits vorhandener technologischen Ansätze wie Kryptografie, dezentrale Netzwerke und Konsensfindungsmodelle.

Einzelne Ansätze sowie die Art und Weise, wie diese in der Blockchain-Technologie zusammengesetzt sind, werden wir in folgenden Kapiteln genauer erläutern.

3.1 Kryptografie

Der Begriff Kryptografie stammt aus dem Altgriechischen und bedeutet eigentlich „geheim schreiben" [27]. Er bezeichnet aber auch die Wissenschaft, die sich mit der Absicherung von Nachrichten (Verschlüsselung, Entschlüsselung, Prüfsummen usw.) beschäftigt. So ist es die klassische Aufgabe der Kryptografie, eine Nachricht für den Unbefugten unverständlich zu machen [1]. Im Laufe der langen Geschichte[22] der Kryptografie haben sich mehrere Verfahren etabliert. Eine der wichtigsten Entwicklungen in der

---

[22] Schon 3.000 Jahre vor unserer Zeitrechnung wurde Kryptografie im alten Ägypten eingesetzt [27].

Kryptografie ist das Kerckhoffs'sche Prinzip, das den Übergang von der Geheimhaltung des Algorithmus zur Geheimhaltung des Schlüssels bezeichnet.

> Die Sicherheit eines kryptografischen Verfahrens basiert allein auf der Geheimhaltung des Schlüssels. – Kerckhoffs' Prinzip [5, 9]

So kann ein Verschlüsselungsverfahren öffentlich gestellt werden und von Experten aus aller Welt auf Schwachstellen untersucht und verbessert werden. Das Kerckhoffs'sche Prinzip findet bei den s. g. symmetrischen Verschlüsselungsverfahren (AES, DES, IDEA) Anwendung. Dabei wird eine Nachricht mit ein und demselben Schlüssel ver- und entschlüsselt. Das heißt, dass der Absender sowie der Empfänger der Nachricht über den Schlüssel verfügen müssen. Das Problem dabei ist, dass der Schlüssel sicher verwahrt sowie zwischen den Kommunikationspartnern ausgetauscht werden muss. Noch komplizierter wird es, wenn wir mehrere verschlüsselte Kommunikationen führen möchten. Das würde bedeuten, dass wir für jede einen anderen Schlüssel benötigen. Im Gegensatz dazu setzen die asymmetrischen Verschlüsselungsverfahren, auch als Public-Key-Verfahren oder Public-Key-Kryptografie bekannt, auf ein Schlüsselpaar bestehend aus einem der Öffentlichkeit zur Verfügung gestellten „öffentlichen" Schlüssel für die Verschlüsselung und einem „geheimen" Schlüssel für die Entschlüsselung.

In der Blockchain-Technologie werden digitale Signaturen aus dem Public-Key-Verfahren und kryptografische Hashfunktionen aus dem Bereich der Prüfsummenverfahren eingesetzt.

3.1.1 Digitale Signaturen und Hashwerte

Die Grundidee bei der Public-Key-Kryptografie besteht darin, dass alle Teilnehmer einer verschlüsselten Kommunikation anstelle eines gemeinsamen geheimen Schlüssels für die Ver- und Entschlüsselung der Nachrichten je ein unterschiedliches Paar von Schlüsseln besitzen: jeder Teilnehmer hat einen geheimen Schlüssel, auch Private Key genannt und einen öffentlichen Schlüssel, auch Public Key genannt. Der öffentliche Schlüssel wird allen Kommunikationspartnern frei zur Verfügung gestellt. Der geheime Schlüssel muss, wie der Name bereits sagt, geheim bleiben und wird zum Entschlüsseln und Signieren der Nachrichten verwendet.

> Betrachten wir ein Beispiel mit zwei Interaktionspartnern, hier Alice und Bob genannt. Alice möchte eine Nachricht an Bob schicken. Alice verschlüsselt diese Nachricht mit dem öffentlichen Schlüssel (Public Key) von Bob, bevor sie diese abschickt. Nur Bob kann diese Nachricht mit seinem geheimen Schlüssel (Private Key) entschlüsseln (Abb. 3.1) [6].

3.1 Kryptografie

Abb. 3.1 Public-Key-Kryptografie

Eine digitale Signatur ist eine Zahl bzw. eine Folge von Bits, die mithilfe des Public-Key-Verfahrens aus einer Nachricht berechnet wird und deren Urheberschaft und Zugehörigkeit zur Nachricht durch jeden geprüft werden kann [7].

> Durch das Signieren der Nachricht bestätigt Alice, dass ihre Nachricht tatsächlich von ihr kommt (dafür verwendet sie ihren geheimen Schlüssel (Private Key)). Das kann Bob durch Verifizieren der Signatur nachprüfen (mithilfe des öffentlichen Schlüssels (Public Key) von Alice, siehe Abb. 3.2).

Hashfunktionen zählt man zu den Einwegfunktionen, d. h. die mathematische Berechnung ist in eine Richtung[23] einfach, in die Rückrichtung[24] aber sehr schwer oder unmöglich [6]. Eine Hashfunktion wandelt eine Menge von Daten unterschiedlicher Länge in eine hexadezimale Zeichenkette fester Länge um. Der Hashwert besteht dann aus

---
[23] Aus einer Klartext-Nachricht, z. B. aus dem Namen Alice, einen Hashwert berechnen.
[24] Nur anhand des Hashwertes und des Hash-Algorithmus die ursprüngliche Nachricht zu berechnen.

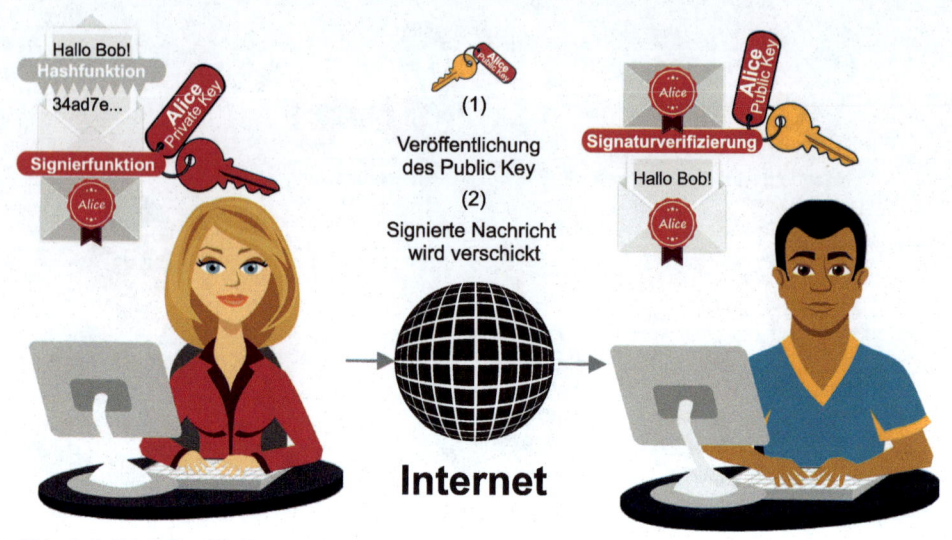

Abb. 3.2 Digitales Signieren und Verifizieren einer Nachricht

einer Zahlen- und Buchstaben-Kombination zwischen 0 und 9 sowie A bis F (als Ersatz für die hexadezimalen Ziffern 10 bis 15). Dieses Verfahren erlaubt es, eine Nachricht relativ[25] eindeutig und einfach zu identifizieren, ohne dabei den Inhalt der Nachricht zu offenbaren. Aus diesem Grund wird der Hashwert oft auch Fingerabdruck oder auf Englisch Fingerprint genannt.

Die in der Blockchain-Technologie am häufigsten verwendete Hashfunktion ist SHA-256 (Secure Hash Algorithm), wobei 256 die Länge des Hashwerts in Bit angibt. Jede noch so kleine Änderung an der Nachricht ergibt einen vollkommen anderen Hashwert. Nachfolgendes Beispiel zeigt anhand von Variationen des Namens von Alice wie unterschiedlich die Hashwerte beim SHA-256-Algorithmus sind:

- Alice
  3bc51062973c458d5a6f2d8d64a023246354ad7e064b1e4e009ec8a0699a3043
- Alice1
  9d328d8b7ac56e1f71ce94ed3c7975d63c8b6f1a54d5186de8881cf27dd8b3a9
- alice
  2bd806c97f0e00af1a1fc3328fa763a9269723c8db8fac4f93af71db186d6e90

In der Blockchain-Technologie werden digitale Signaturen für die Bestätigung der Transaktion aus eigenen Mitteln eingesetzt. Da Hashwerte eine relativ eindeutige

---

[25]Kollisionen sind sehr selten, aber nicht ausgeschlossen. Die Kollisionsresistenz variiert bei unterschiedlichen Hashfunktionen.

und einfache Identifizierung der Daten erlauben, werden diese in der Blockchain-Technologie als Referenzen eingesetzt. Zum Beispiel finden wir im dritten Bitcoin-Block eine Referenz auf den zweiten Block. Diese Referenz ist der SHA-256-Hashwert des zweiten Blockes und sieht folgendermaßen aus: 000000006a625f06636b8bb6ac7b960a 8d03705d1ace08b1a19da3fdcc99ddbd. Durch diese Vorgehensweise wird nicht nur eine eindeutige Identifizierung und Referenzierung der Blöcke untereinander gewährleistet, sondern auch die Manipulationssicherheit der Blockinhalte sichergestellt.

3.1.2 Nutzer-Identifizierung und -Adressen

Zur Identifikation der Nutzer werden in vielen Blockchain-Anwendungen spezielle Pseudonyme verwendet. Die Pseudonyme werden in vielen Blockchain-Anwendungen gleichzeitig als „Kontonummern" benutzt. Daher werden diese auch Adressen (z. B. Bitcoin-Adresse) genannt. Ursprünglich gab es im Bitcoin-System die Möglichkeit, Bitcoins an IP-Adressen zu senden [21]. Dies brachte allerdings Angriffsmöglichkeiten mit sich. Aus diesem Grund nutzt man jetzt, um einem Nutzer einen Bitcoin-Wert gutzuschreiben, ausschließlich kryptografische Methoden bei der Erstellung von Adressen. Dazu wird beim Nutzer[26] ein kryptografisches Schlüsselpaar generiert. Der geheime Schlüssel (Private Key) wird für das Signieren von Transaktionen[27] verwendet (Bestätigung des Besitzes) und der öffentliche Schlüssel (Public Key) für die Adressen-Generierung.

Das Schlüsselpaar wird im Bitcoin-System und bei vielen anderen Kryptowährungen (z. B. Litecoin, Dogecoin usw [21].) mithilfe des ECDSA-Public-Key-Verfahrens (Elliptic Curve Digital Signature Algorithm) basierend auf Elliptischen-Kurven[28] generiert. Zuerst wird der geheime Schlüssel (Private Key) generiert, der eine Zufallszahl darstellt. Der Public Key wird vom Private Key abgeleitet und anschließend „gehasht".[29] Im Endeffekt ist die Adresse ein 160 Bit langer alphanumerischer Wert (z. B. 16UpLN9Risc3QfPqBMvKofHfUB7wKtjvS). Deswegen nennt man derartige Adressen auch „Pay To Public Key Hash Address" oder P2PKH-Adresse (siehe Abb. 3.3).

Einige Blockchain-Applikationen bieten sogenannte Multi-Signature-Adressen. Dafür werden mehrere geheime Schlüssel (Private Keys) erstellt [18]. Das soll die Sicherheit erhöhen. Der Empfänger, dem das Guthaben gutgeschrieben wird, muss alle notwendigen geheimen Schlüssel (Private Keys) besitzen, um das erhaltene Guthaben weiterverwenden

---

[26] In seiner Blockchain-App.
[27] Siehe Abschn. 4.1.1.
[28] Dieses spannende, aber sehr komplexe mathematische Verfahren im Detail zu erklären würde hier den Rahmen sprengen.
[29] Für die Generierung der Adresse aus dem öffentlichen Schlüssel (Public Key) werden zwei kryptografische Hashfunktionen nacheinander auf den öffentlichen Schlüssel (Public Key) angewendet (RIPEMD-160 und SHA-256) und das Hash-Ergebnis wird nach dem Base58-Schema kodiert (Buchstaben und Ziffern ohne Zeichen 0 (Null), O (großes o), I (großes i) und l (kleines L)).

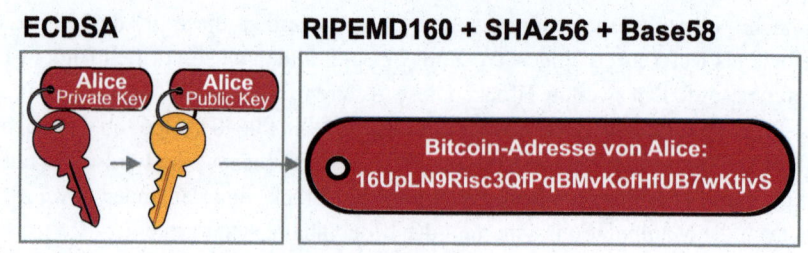

Abb. 3.3 Adressen-Generierung im Bitcoin-System

zu können. Multi-Signature-Adressen können zum Beispiel in einem Unternehmen, das Bitcoins akzeptiert, verwendet werden, um Ausgaben einzelner Angestellter erst nach der Genehmigung des Controllings zu bestätigen. In dem Fall haben der Angestellte und der Controller je einen geheimen Schlüssel (Private Key) für eine gemeinsame Bitcoin-Adresse [19].

Da grundsätzlich alle Informationen (im Bitcoin-System z. B. Transaktionen) in einem Blockchain[30]-System für alle Nutzer öffentlich sind, ist es immer möglich, den vorherigen Besitzer (die P2PKH-Adresse) sowie die gesamte „Historie" eines Wertes zu verfolgen und alle mit einer bestimmten Adresse durchgeführten Transaktionen einzusehen.[31] Aus diesem Grund wird Nutzern empfohlen, ihre Adressen nur einmalig zu verwenden und für jede neue Transaktion eine neue Adresse zu generieren [17].

Mit jeder Nutzer-Adresse ist also ein eigener Werte-Bestand[32] verbunden. Es ist zudem möglich, für unterschiedliche Zwecke mehrere Wallets zu verwenden. Diese beinhalten grundsätzlich folgende Informationen:

- ein kryptografisches Schlüsselpaar (oder auch mehrere),
- eine mithilfe des Schlüsselpaares generierte Adresse,
- eine Liste der an den Nutzer adressierten und von ihm getätigten Transaktionen,
- weitere Funktionalitäten, die vom Anbieter der Software abhängen.

Wichtig ist in erster Linie, dass die Nutzer ihren geheimen Schlüssel (Private Key) ausreichend schützen. Denn derjenige, der den geheimen Schlüssel (Private Key) hat, darf mit den daran bzw. an die P2PKH-Adresse gebundenen Werten handeln (weitere Informationen in Abschn. 4.1.1).

---

[30]Betrifft die öffentliche (Public Blockchain) und die Konsortium-Blockchain (siehe Abschn. 4.1.4).

[31]Es handelt sich dabei um den ursprünglichen Gedanken eines Blockchain-Systems, und zwar ein sicheres dezentrales öffentliches Register.

[32]Mit diesen Werten kann nur gehandelt werden, wenn der Nutzer den/die zu der Nutzer-Adresse passende(n) geheime(n) Schlüssel hat.

3.2 Austausch unter Gleichen

Eine der wichtigen Stärken der Blockchain-Technologie ist ihre Architektur. Sie stellt den zahlreichen Nutzern ein dezentrales, autonomes und sicheres System zur Verfügung.

Nachfolgend stellen wir das dezentrale System hinter der Blockchain-Technologie vor und erklären, wie die Informationen, z. B. in Form von Transaktionen gehandelte Werte wie Bitcoins, ihren neuen Besitzer erreichen.

Ein Blockchain-basiertes System baut auf einem sogenannten Peer-to-Peer-Netz (P2P)[33] auf. Die Peers sind die Nutzer des Systems. Diese oder genauer gesagt ihre Nutzer-Apps (folgend nur Nutzer genannt) stellen die Knoten im Netz dar. Sie sind alle gleichberechtigt und können Dienste in Anspruch nehmen und diese anderen Nutzern zur Verfügung stellen. Im Fall des Bitcoin-Systems sind es Bitcoin-Nutzer, die die Bitcoin-App auf Ihrem Rechner haben. Mithilfe dieser App nutzen sie den Bitcoin-Service und die Bitcoin-Infrastruktur, um Bitcoins zu überweisen oder zu empfangen. Zugleich sind sie ein Teil der Bitcoin-Infrastruktur, da sie die gesamte Blockchain[34] speichern, verifizieren, die empfangenen Daten weiterverbreiten und die Blockchain fortschreiben können. Im Bereich des Internets der Dinge (Internet of Things, IoT) sind die Knoten hingegen IoT-Geräte oder IoT-Gateways, die in dem dezentralen Netzwerk miteinander interagieren.

Kommuniziert wird in P2P-Netzwerken über eine unverschlüsselte Internetverbindung (siehe Abb. 3.4).

Da P2P-Netzwerke über keine Authentifizierungsmechanismen verfügen und keine zentrale Verwaltungsstelle für die Nutzer haben, werden für das Auffinden anderer Knoten und für die Informationsverbreitung die üblichen Methoden von P2P-Netzen (siehe Abb. 3.5) eingesetzt [2].

Grundsätzlich sind in einem Blockchain-System[35] alle Knoten gleichberechtigt und können zugleich Clients (Nutzer des Dienstes) und Server (Dienstanbieter) sein. Wenn man die Größe der Bitcoin-Blockchain betrachtet (im Mai 2020 waren es ca. 277 GB), ist es verständlich, dass nicht jeder Nutzer über genügend Ressourcen für das Speichern und Verifizieren verfügen kann. Die Anwendung soll vor allem für die Verwendung durch

---

[33] P2P-Netz – Peer-to-Peer-Netz ist ein Rechnernetz, bei dem alle Rechner gleichberechtigt zusammenarbeiten. Das bedeutet, dass jeder Rechner anderen Rechnern Funktionen und Dienstleistungen anbietet und andererseits von anderen Rechnern angebotene Funktionen, Ressourcen, Dienstleistungen und Dateien nutzen kann. Die Daten sind auf viele Rechner verteilt. Das P2P-Konzept ist ein dezentrales Konzept, ohne zentrale Server. Jeder Rechner eines solchen Netzes kann mit mehreren anderen Rechnern verbunden sein. [25]

[34] Mit dem Begriff Blockchain sind hier alle im jeweiligen System je ausgeführte Transaktionen gemeint. Das betrifft die öffentliche (Public Blockchain) und die Konsortium-Blockchain (siehe Abschn. 4.1.4).

[35] Betrifft die öffentliche (Public Blockchain) und die Konsortium-Blockchain (siehe Abschn. 4.1.4).

Abb. 3.4 Abstrakte Darstellung der Blockchain-Schichtenarchitektur

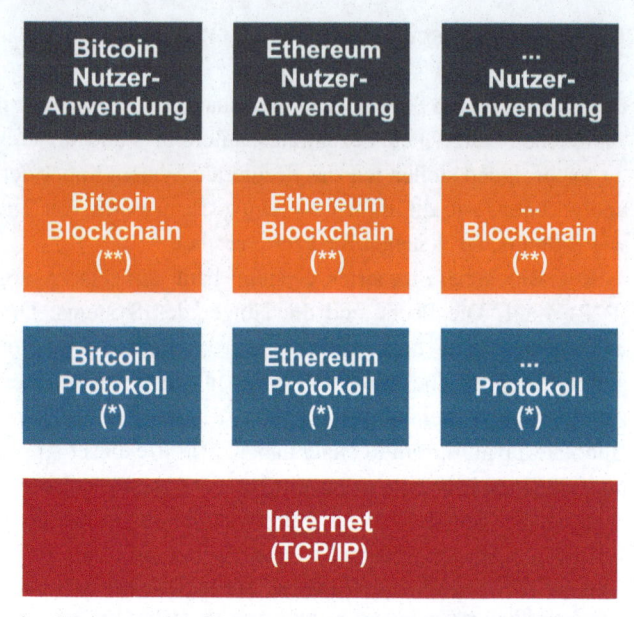

Bitcoin Nutzer-Anwendung	Ethereum Nutzer-Anwendung	... Nutzer-Anwendung
Bitcoin Blockchain (**)	Ethereum Blockchain (**)	... Blockchain (**)
Bitcoin Protokoll (*)	Ethereum Protokoll (*)	... Protokoll (*)
Internet (TCP/IP)		

* - Konsensalgorithmus, zugewiesener Wert, Regelwerk
** - Architektur: Transaktionen, Blöcke, Kette, P2P

Peer-to-Peer-Netz

Nutzer 1, Nutzer 2, Nutzer 3, Nutzer 4, Nutzer n, Nutzer n+1

Client-Server-Netz

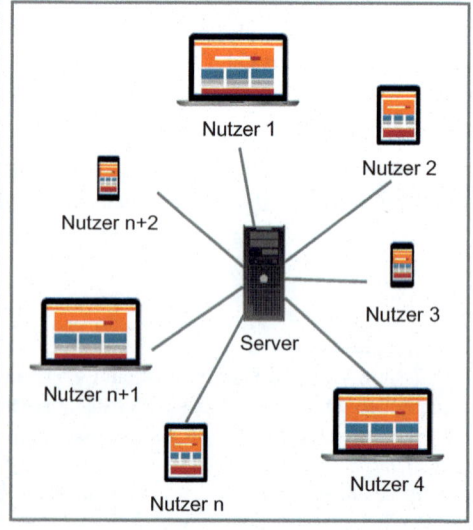

Nutzer 1, Nutzer 2, Nutzer 3, Nutzer 4, Nutzer n, Nutzer n+1, Nutzer n+2, Server

Abb. 3.5 Vergleich des P2P- und Client-Server-Netzes

3.2 Austausch unter Gleichen

mobile Nutzer möglichst „schlank" sein. Aus diesem Grund kann es in einem Blockchain-System zwei Arten von Nutzern geben [2]:

- „Server", vollständige Knoten oder `vollständige Nutzer (full nodes)` haben sowohl eingehende als auch ausgehende Verbindungen zu anderen Nutzern. Das heißt sie „fragen" andere Nutzer mithilfe ihrer IP-Adressen nach einer Verbindung oder sie werden von anderen Nutzern nach einer Verbindung gefragt. Die vollständigen Nutzer speichern die komplette Blockchain[36] und sind in deren Verifizierung involviert.
- „Clients", leichtgewichtige Knoten oder `leichtgewichtige Nutzer (lightweight nodes, light nodes, thin clients` oder seltener SPV[37] `nodes)` sind die am meisten verbreiteten[38] Nutzer in Blockchain-basierten Systemen. Diese verfügen ausschließlich über ausgehende Verbindungen und speichern nur einen Teil der Blockchain [8]. Sie bauen eine Verbindung zu den vollständigen Nutzern auf, um Informationen zu erhalten, die allein sie betreffen. Auch Nutzer, die nach außen hin eine andere IP-Adresse haben als z. B. innerhalb ihres Firmennetzwerks,[39] zählen zu den Clients.

Beide Nutzerarten (Client und Server) im Bitcoin-System unterstützen acht ausgehende Verbindungen zu anderen Nutzern. Zusätzlich unterstützt ein vollständiger Bitcoin-Nutzer bis zu 117 eingehende Verbindungen. Diese Aufteilung ist sowohl aus Sicherheits-[40] als auch aus Skalierungsgründen[41] sinnvoll. Die gleiche Aufteilung nur mit anderen Zahlen findet man bei anderen Blockchain-basierten Systemen, wie z. B. Ethereum.

Wenn eine der ausgehenden Verbindungen nicht mehr aktiv ist (z. B. weil der Nutzer offline ist), wird diese Verbindung durch eine neue ersetzt [2]. Über diese Verbindungen werden Informationen ausgetauscht, z. B. neue Transaktionen, Blöcke oder IP-Adressen[42] der vollständigen Nutzer (Server). Jeder Nutzer (Client und Server) führt eine Liste mit mehreren IP-Adressen anderer vollständiger Nutzer (Server) im Netz und aktualisiert diese regelmäßig durch den Austausch mit anderen Nutzern. Die IP-Adressen sind nicht mit den kryptografischen Adressen verknüpft.

---

[36] Hier werden unter einer Blockchain alle damit verbundenen Ressourcen verstanden, einschließlich der Datenbank. Im Bitcoin-System sind es z. B. alle je ausgeführte Transaktionen.

[37] SPV – Simplified Payment Verification (siehe Abschn. 4.2.2 und 5.1.3).

[38] Geschätzt 13-mal so viele Clients wie Server im Bitcoin-System [2].

[39] Zum Beispiel Nutzer hinter einer Firewall oder NAT.

[40] Ein Angreifer-Knoten kann nicht mehr als acht andere Knoten gleichzeitig beeinflussen.

[41] Die Anzahl der leichtgewichtigen Nutzer ist viel höher. Das heißt, dass die vollständigen Nutzer, die bereits in der Unterzahl sind, mehr eingehende Verbindungen haben müssen.

[42] Im Bitcoin-Netz: IPv4-, IPv6- und OnionCat-Adressen [2, 8].

Zurück zum Beispiel mit Alice und Bob. Alice ist oft unterwegs und möchte das Bitcoin-System an ihrem Laptop nutzen. Wir unterstellen, dass dieser nicht über genug Speicher- und Rechenkapazität verfügt, um als ein vollständiger Nutzer (full node) laufen zu können. Außerdem ist zu berücksichtigen, dass sie sich immer wieder in unterschiedliche Netzwerke einloggt: zu Hause, in der Bibliothek oder im Büro. Sie installiert also die Bitcoin-Software und richtet eine Lightweight Wallet ein. Die Software enthält bereits fest programmierte DNS-Namen[43] (auch DNS seeds genannt, z. B. seed.bitcoin.sipa.be, seed.bitcoinstats.com usw.), die mehrere IP-Adressen vollständiger Nutzer (full nodes) beinhalten (siehe Abb. 3.6).

Abb. 3.6 Auflösung des Domainnamens eines DNS-Seed

```
Name:      seed.bitcoin.sipa.be
Addresses: 2600:1f14:34a:fe00:9ee5:a8f6:6b2a:866e
           2001:470:27:79::2
           2001:470:1f15:106:fa05:465b:f1cd:c83f
           2a01:e0a:cc:add0:8c7c:e48b:210e:4089
           2001:470:6c80:101::1
           2001:67c:2db8:6::44
           2001:67c:2db8:6::45
           2a01:4f8:192:4a4::2
           2001:818:e245:f800:4df:2bdf:ecf5:eb60
           2001:8d8:939:1900::77:9e09
           2001:985:55a0:1::2
           2001:bc8:32d7:1bf:0:242:ac11:4
           2001:bc8:3bec:100::1
           2001:bc8:4700:2000::231b
           2001:19f0:5:35ed:5400:2ff:fe98:a318
           3.133.125.238
           74.83.193.4
           192.129.186.62
           18.237.223.114
           91.106.188.229
           51.154.71.149
           24.34.61.18
           47.75.100.150
           190.189.140.13
           107.178.98.66
           83.51.251.166
           159.100.248.234
           91.222.128.59
           178.248.200.126
           47.90.89.94
           188.214.128.18
           3.15.34.184
           18.141.160.175
           104.248.139.211
           104.248.40.142
           2.224.246.80
           185.175.46.207
           118.163.120.179
           73.7.135.222
           185.21.223.231
```

---

[43] Das Domain Name System (DNS) verbindet numerische (IPv4) und alphanumerische (IPv6) IP-Adressen mit leicht zu merkenden Domain-Namen, sodass Nutzer sich keine Zahlenfolgen merken müssen, sondern nur aussagekräftige Namen. Z. B. verbirgt sich hinter dem DNS-Namen hpi.de die IPv4-Adresse 141.89.225.126.

3.2 Austausch unter Gleichen

Dann baut die Software Verbindungen mit einigen der vollständigen Nutzer (full nodes) aus der Liste auf und fragt bei diesen weitere IP-Adressen ab. Die Liste der IP-Adressen wird immer wieder aktualisiert. So kann die Software von Alice bis zu acht Verbindungen unterstützen. Das heißt: Alice kann mit acht weiteren Nutzern, in diesem Fall full nodes, Informationen austauschen. Als Erstes wird die „schlanke" Version der aktuellen Blockchain heruntergeladen. Außerdem sendet Alice ihre Transaktionen an die Nutzer und erhält von diesen die nur für sie bestimmten Informationen. Der Nachteil eines leichtgewichtigen Nutzers (lightweight node) liegt in der geringeren Sicherheit. Alice muss dem vollständigen Nutzer (full node) Vertrauen entgegenbringen, da sie nur die „schlanke" Version der Blockchain benutzt und somit nicht alle früheren Transaktionen nachprüfen kann.

Die Informationen in einem Blockchain-System werden nach festgelegten Regeln ausgetauscht. Diese schließen zum Beispiel aus, dass eine bereits von einem Nutzer versendete Information (z. B. Block, Transaktion, IP-Adresse) doppelt an einen anderen Nutzer versendet wird. Somit wird auch eine Überlastung des Netzes verhindert.

Nehmen wir im Gegensatz zum Beispiel mit Alice an, dass Bob einen full node betreibt. Er verfügt dann über eine vollständige Kopie der Blockchain und kann zusätzlich zu den acht ausgehenden Verbindungen zu anderen Nutzern bis zu 117 eingehende Verbindungen haben. Über diese Verbindungen empfängt er alle neuen Transaktionen und Blöcke der anderen Nutzer, verifiziert diese nach den festgelegten Regeln und schickt sie weiter. Die gültigen Informationen (z. B. Blöcke oder Transaktionen) werden in den Zwischenspeicher der Nutzer aufgenommen, die Ungültigen werden verworfen.

Die vollständigen Nutzer (full nodes) sind das Rückgrat des Bitcoin-Systems. Sie erlauben dem System zu wachsen und weiterhin sicher und dezentralisiert zu bleiben.

Alle Informationen (neue Blöcke, Transaktionen und IP-Adressen) werden von einem Nutzer an die anderen weitergesendet (Abb. 3.7). Eigene neue Transaktionen geben die vollständigen Nutzer (full nodes) zusammen mit den neu empfangenen weiter, sodass es für die anderen Nutzer so aussieht, als wären es ihre eigenen.

Jedes Mal prüft ein Nutzer die erhaltenen Informationen (Datei) nach den festgelegten Regeln. Wenn er dieselbe Datei bereits von einem anderen Nutzer erhalten hat, also schon in seinem Zwischenspeicher gespeichert hat, verwirft er die neu angekommene Datei.

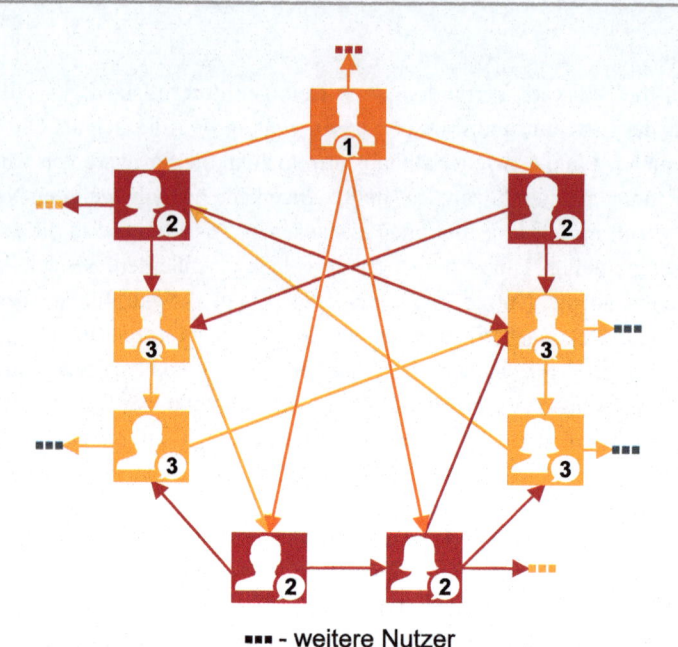

Abb. 3.7 Verbreitung der Informationen in einem Blockchain-basierten Netz

3.2.1 Verschleierung

Wie bereits angedeutet, ist Transparenz eine der essentiell wichtigen Eigenschaften der Blockchain-Technologie. In vielen Anwendungsbereichen würde diese Eigenschaft aber die Privatsphäre der Nutzer einschränken bzw. verletzen. Geht es jedoch zum Beispiel um die Nachvollziehbarkeit der unterschiedlichen Inhaltsstoffe[44] von Lebensmitteln oder die Nachverfolgbarkeit von Informationen über den Lagerungszustand[45] (Temperatur, Feuchtigkeit) eines Medikaments im Verlauf der Lieferkette, kommt es zentral auf Transparenz und Fälschungssicherheit an. Bei privaten Finanzen hingegen ist sie meist nicht gewünscht.

Zu beachten ist: Die durch Pseudonyme erzeugte Anonymität der Nutzer ist nur partiell, da man den Nutzer anhand der IP-Adressen und des Transaktionsverlaufs durchaus auffinden kann (siehe Abschn. 3.1.2 und 4.2).

---

[44]Das Unternehmen ClearKarma bietet eine Lösung für eine durchgehende Nachverfolgbarkeit der Zutaten, die in der Lebensmittelindustrie eingesetzt werden [22]. Das Unternehmen plant eine cloudbasierte Plattform mit umfangreichen Informationen über die Nahrungsmittel, wobei die Historie über alle Informationsänderungen in der Blockchain verifiziert und gespeichert wird.

[45]Das Unternehmen Modum.io bietet eine Lösung für durchgehende Datenintegrität in einer Lieferkette mithilfe der Blockchain-Technologie [29].

3.2 Austausch unter Gleichen

Bitcoin empfiehlt seinen Nutzern (lightweight nodes) deshalb, das anonyme Netzwerk TOR einzusetzen, um die IP-Adressen zu verschleiern [17]. Mit der Standardsoftware Bitcoin Core[46] können die vollständigen Nutzer (full nodes) automatisch „TOR Hidden Services" für mehr Anonymität nutzen (siehe Anhang B) [20].

Das TOR-Netzwerk stellt einen Service zur Verfügung, der Verbindungsdaten anonymisiert. Die Bezeichnung TOR ist eine Abkürzung und steht für „The Onion Routing". Das sogenannte Zwiebel-Routing zeichnet sich durch die mehrfache Verschlüsselung einer Nachricht aus. Dabei sucht der TOR-Client eine Route durch das Netzwerk, das aus zahlreichen Onion-Servern (Onion Router) besteht, die jeweils einen öffentlichen Schlüssel bereitstellen (Abb. 3.8).

In der Regel verläuft die Route über drei Server. Nachdem eine Route gefunden wurde, verschlüsselt der TOR-Client die Nachricht zunächst mit dem öffentlichen Schlüssel (Public Key) des letzten Onion-Servers (Router C) und fügt seine Adresse hinzu. Danach werden die bereits verschlüsselte Nachricht und die Adresse des Routers C mit dem öffentlichen Schlüssel des vorletzten Servers (Router B) verschlüsselt und dessen Adresse hinzugefügt usw.

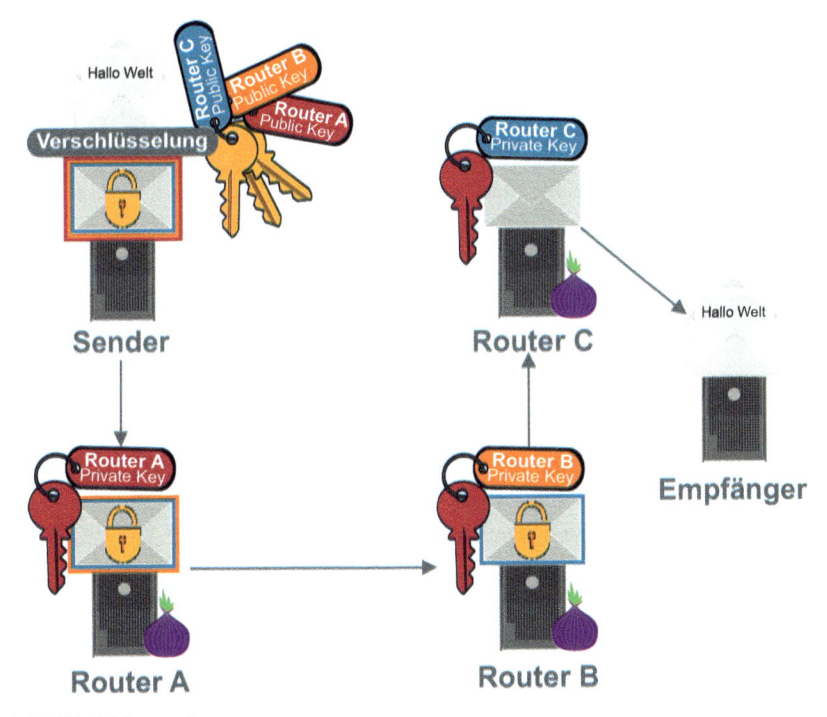

Abb. 3.8 TOR-Netzwerk

---

[46] Seit der Version 0.12.0, veröffentlicht am 23. Februar 2016.

Anschließend wird die Nachricht während der Übertragung durch mehrere Onion-Server schichtweise entschlüsselt. Jeder am Routing beteiligte Server kann die für ihn bestimmte Nachricht mit seinem eigenen geheimen Schlüssel (Private Key) entschlüsseln. In der Nachricht findet er wiederum eine verschlüsselte Nachricht und eine weitere Adresse. Die Nachricht wird dann („unverstanden") an die angegebene Adresse weitergeleitet. Somit „kennt" jeder Onion-Server nur seinen Vorgänger und Nachfolger. Nur das letzte Glied der Routing-Kette kann die eigentliche Nachricht entschlüsseln und im Klartext lesen.

Der Einsatz des TOR-Netzwerks ist nur für ausgehende Verbindungen möglich. Um durch das TOR-Netzwerk auch eingehende Verbindungen zu unterstützen, kann der Nutzer dessen sogenannte versteckte Dienste[47] verwenden. In diesem Fall agiert der vollständige Nutzer (full node) als ein Service-Anbieter und vereinbart mit dem Service-Empfänger (einem anderen Nutzer) einen „Treffpunkt" – einen sicheren Onion-Server, auch als Rendezvous-Punkt bekannt. Das geschieht, um sichere und anonyme Kommunikation zu gewährleisten [20].

Da es im Bitcoin-System keine Absender-Adressen[48] gibt, wird den Nutzern zum Schutz ihrer Privatsphäre ausdrücklich empfohlen, bei jedem Empfang einer Zahlung eine neue Adresse zu nutzen. Für die weitere Verschleierung der Empfänger können die bereits erwähnten Mixing-Services genutzt werden. Die Legalität der Nutzung solcher Dienste kann je nach Gesetzgebung des jeweiligen Landes unterschiedlichen Regeln unterworfen sein [17].

Die aufgelisteten Methoden bieten in dem sonst transparenten Blockchain-System mehr Anonymität. Dennoch sollten die Nutzer mehrere Sicherheitshinweise beachten, um ihre Privatsphäre sowie die Blockchain-Werte (Kryptowährung wie z. B. Bitcoins, Besitz von z. B. einem gemieteten Fahrrad, Ereignis wie etwa die Berechtigung, die Tür eines Raums aufzuschließen) zu schützen.

3.2.2 Datenschutz und Haftung

Wie dargestellt, hat ein Blockchain-basiertes System keine zentrale Instanz, agiert also dezentral und autonom und arbeitet mit einem hohen Maß an Transparenz [17]. Aus diesen auf den ersten Blick sehr positiven Eigenschaften ergeben sich jedoch einige datenschutzrechtliche Fragestellungen.

---

[47] TOR Hidden Services.
[48] Vereinfacht ausgedrückt, enthält jede Transaktion den Bitcoin-Wert und die Empfänger-Adresse und wird anschließend vom Absender signiert. Den erhaltenen Bitcoin-Wert kann der Nutzer nur mit seinem geheimen Schlüssel (Private Key) ausgeben, den er zusammen mit einem öffentlichen Schlüssel für die Transaktion erstellt hat (siehe Abschn. 4.1.1).

Durch die Transparenz aller Daten lassen sich die geschäftlichen und damit im Prinzip auch die persönlichen Verhältnisse der Nutzer erkennen [15]. Dabei werden vertrauenskritische Transaktionen zwischen den Parteien ausgetauscht, ohne die Identität der Vertragspartner gegenseitig oder der Öffentlichkeit offenlegen zu müssen. Somit treten Anonymität bzw. Pseudonymität als datenschutzrechtliche Instrumente auf [23].

Laut Pesch und Böhme [15] können Bitcoins (auch allgemein Kryptowährung) weder eindeutig als Rechtsgegenstand „Sache" noch als Rechtsgegenstand „Geld" eingeordnet werden. Aus diesem Grund können sie wegen des Verbots[49] täterbelastender Analogien im Strafrecht nicht das Objekt von Straftaten sein, deren Tatbestände sich nur auf Sachen oder Geld beziehen [15]. Ob weitere Blockchain-Werte als Rechtsgegenstand „Sache" bezeichnet werden können, bleibt offen.

Einer der meistverbreiteten Anwendungsbereiche der Blockchain-Technologie ist der intelligente Vertrag.[50] Dieser hat Auswirkungen auf Lebensbereiche, die traditionell durch analoges Recht bzw. Institutionen reguliert werden [23]. Das Unternehmen Agrello [16] hat das Problem aufgegriffen und bereits eine Lösung in Form von rechtlich bindenden intelligenten Verträgen vorgestellt. Agrello bietet ein Produkt mit einem benutzerfreundlichen Interface, das den Nutzer bei der Erstellung eines rechtlich bindenden Vertrages unterstützt. Der erstellte Vertrag wird in einen intelligenten Vertrag umgewandelt und in einer Blockchain gespeichert. Parallel wird ein rechtsverbindlicher Vertrag in natürlicher Sprache erstellt und digital unterzeichnet [16]. Der Nutzer wird während der Vertragserstellung durch einen AI[51]-Agenten unterstützt.

3.3 Konsensfindung

In früheren Kapiteln haben wir bereits mehrere Herausforderungen dezentraler Systeme im Vergleich zu zentralisierten Modellen beschrieben. Prozesse wie Authentifizierung der Nutzer, Ressourcen- und Systemverwaltung werden auf alle Nutzer im System verteilt. Die größte Herausforderung dabei ist, eine Einigung auf einen „für alle richtigen" Zustand des Systems zu erzielen, genauer gesagt, welche Reihenfolge und welche Ausführung der Inhalte korrekt ist und welche nicht. Die Einigung, der sogenannte Konsens, kann z. B. durch falsche Angaben böswilliger Nutzer erschwert werden.

Das Problem der Konsensfindung ist auch als „Problem der byzantinischen Generäle" bekannt. Der Name kommt aus einer wissenschaftlichen Arbeit von Leslie

---

[49]„Ein Analogieverbot besteht insbesondere im Strafrecht. Danach ist es einem Richter verboten, eine nicht strafbare Handlung zu verurteilen, auch wenn er diese als strafwürdig ansieht oder diese einer anderen Strafnorm ähnelt, jedoch nicht ganz mit dieser übereinstimmt. Dieses Verbot gilt vor allem auch für Gesetzeslücken." – Definition nach [26].
[50]Engl. Smart Contract. Für weitere Informationen, siehe Abschn. 5.1.2.
[51]AI – Artificial Intelligence (auf Deutsch „künstliche Intelligenz").

Lamport, Robert Shostak und Marshall Pease [11] und beschreibt eine Allegorie[52] zur Konsensfindung-Problematik in einem dezentralen Netzwerk. Dabei werden die Komponenten eines Computersystems mit der Gruppe der byzantinischen Generäle[53] verglichen. Die Generäle kommunizieren über einen Boten und müssen sich auf eine gemeinsame Strategie einigen. Sowohl Generäle als auch Boten können Verräter sein und versuchen loyale Kommunikationspartner in der Entscheidungsfindung zu manipulieren. Die Lösung des Problems ist ein Algorithmus, der den loyalen Generälen hilft, trotz der Verräter zu einer Einigung zu kommen.

Je mehr böswillige Nutzer ein dezentrales System unter realen Bedingungen[54] tolerieren kann, desto robuster ist die Lösung. In der Lösung von Castro und Liskov [4] „Practical Byzantine Fault Tolerance (PBFT)" zum Beispiel werden bis zu einem Drittel böswillige Nutzer (oder auch byzantinische Fehler genannt) toleriert. Der größte Schwachpunkt dieser Lösung ist die Skalierbarkeit. Je mehr Teilnehmer (Nutzer) das System hat, desto mehr Nachrichten müssen im Rahmen des Konsenses zwischen den Teilnehmern ausgetauscht werden. Somit steigt die Laufzeit quadratisch mit der Anzahl der Systemnutzer.

In der Vergangenheit wurden Konsenslösungen für dezentrale Systeme mit zahlreichen Bedingungen verknüpft (permissioned system). So mussten die Anzahl der Systemnutzer und/oder ihre Identitäten allgemein bekannt sein. Bei solch dezentralen Netzwerken wie dem Internet (permissionless system) wäre das jedoch höchst ineffizient bis unmöglich. Dagegen funktioniert der in der Blockchain-Technologie verankerte und zum ersten Mal im Bitcoin-System angewendete Nakamoto-Konsensmechanismus auch in Netzwerken ohne jegliche Bedingungen für die Systemnutzerzahl oder deren Identifizierung (permissionless system). Die Nutzer sind frei, dem Netzwerk beizutreten und dieses zu verlassen [13].

So setzt die Nakamoto-Konsenslösung darauf, dass in einem System ohne Teilnahmebedingungen (böswillige Nutzer können viele falsche Identitäten erzeugen) die Mehrheit der Rechenleistung in den Händen von ehrlichen Nutzer liegt und nicht, dass die Mehrheit der Nutzer ehrlich ist. Dadurch wird die Robustheit der Blockchain-Technologie gewährleistet [14].

Was hat es nun mit der Rechenleistung auf sich? Anstatt Master-Nutzer (master node) auszuwählen, die durch Koordination anderer Nutzer eine Mehrheitsentscheidung treffen, darf jeder beliebige Nutzer, der ein Rechenrätsel schneller als andere Nutzer

---

[52]Rational fassbares Bild als Darstellung eines abstrakten Begriffs [24].

[53]Bei der Belagerung Konstantinopels im Jahr 1453 n. Chr. sollten die byzantinischen Generäle mit ihren Truppen die Stadt angreifen.

[54]Z. B. im Internet. Solche Lösungen, wie der Byzantine Agreement (BA) Algorithm (siehe Anhang A), Paxos oder Raft sind für dezentrale Systeme mit begrenzter/statischer Nutzerzahl gedacht. Dabei wird eine Mehrheitsentscheidung zwischen den vorausgewählten Nutzern (s. g. Master-Nutzer oder master nodes) getroffen.

3.3 Konsensfindung

des Systems löst, die Entscheidung treffen. Das Konzept wird Proof-of-Work (PoW) genannt. Das Rechenrätsel besteht darin, durch einfaches Ausprobieren beliebig vieler Hash-Werte einen der Zielvorgabe entsprechenden Wert zu finden. Um das so schnell wie möglich machen zu können, benötigt ein Nutzer hocheffiziente Hardware, die zum Beispiel[55] 15 Millionen Hashes in einer Sekunde berechnen/ausprobieren kann. Dabei hat die Hardware einen wesentlich höheren Energieverbrauch als sonst. Für den Angreifer würde es ebenfalls einen großen Energieverbrauch und damit einhergehend hohe Kosten bedeuten (siehe Abschn. 4.1.3 und 51-Prozent-Angriff im Abschn. 4.2). Den „Gewinner" erwartet eine Belohnung, die ihn motivieren soll, den Rechenaufwand zu betreiben. Da zum Beispiel im Bitcoin-System die Belohnung zum Teil aus neu geschöpften Bitcoins besteht und diese auf den Ersteller des neuen Blockes ausgeschüttet werden, vergleicht man den Prozess mit der Rohstoffförderung im Bergbau und spricht von Mining[56] und von einem Nutzer, der neue Blöcke erstellt, Miner: „Wer schürft, muss schwere Arbeit leisten, um an die Materie zu kommen".

Die Konsens-Lösungen werden durch Algorithmen umgesetzt, die in Form von Protokollen[57] implementiert werden. Was ist konkret der Grund für die Einigung und welche Entscheidung dürfen die Nutzer eines Blockchain-basierten Systems beim Aufwenden ihrer Rechenkapazität treffen? Zuvor haben wir geschrieben, dass sich die Nutzer über einen „für alle richtigen" Zustand des Systems einigen müssen. Da alle Ressourcen an alle Nutzer im System verteilt werden, also jeder eine identische Kopie aller Daten im System hat (replizierte Datenbank), sollten die Reihenfolge (Zeitstempelung) und die Ausführung der Inhalte korrekt sein (nicht manipuliert). Daher überprüft jeder Nutzer die von anderen Nutzern empfangenen Informationen (z. B. IP-Adressen anderer Nutzer, Transaktionen, Blöcke) und speichert diese in seinem Zwischenspeicher (memory pool).

An diesem Punkt kommt die Entscheidungsfindung ins Spiel, und zwar welche der empfangenen Informationen und in welcher Reihenfolge in das System (Datenbank) geschrieben werden. Da sich die Informationen (Daten) durch die Latenz des Netzwerkes verschieden schnell verbreiten, können verschiedene Nutzer unterschiedliche Kopien des Systems (Datenbank) haben. Die Reihenfolge, oder genauer gesagt die Zeitstempelung, wird in einem Blockchain-basierten System durch Hash-Ketten realisiert.

Die bereits in die Zwischenspeicher (memory pool) aufgenommenen Informationen werden von den am Wettbewerb um die Belohnung beteiligten Nutzern in eine Hashkettenform gebracht. Zuerst werden die Informationen[58] in eine kompakte Form begrenzter Größe[59] namens Block zusammengefasst (mehr zu dem Thema im Abschn. 4.1.2). Dann

---

[55] NVIDIA GeForce GTX 1050 Ti mit dem Ethereum-Algorithmus [28].
[56] Auf Deutsch übersetzt bedeutet Mining Bergbau oder Schürfen.
[57] Festlegung von Standards und Konventionen für eine reibungslose Datenübertragung zwischen Computern [24].
[58] Im Bitcoin-System z. B. in Form von Transaktionen zu übertragende Werte – Bitcoins.
[59] Im Bitcoin-System bspw. 1 MB und bei Ethereum ca. 27 kB (Stand Mai 2020).

wird der Block mit den bereits im System vorhandenen Informationen verknüpft, und zwar mit den bereits vorhandenen Blöcken. Dafür erstellen wir einen Block-Kopf (Block Header) mit einer Referenz auf den letzten Block im System. Diese Referenz ist nichts anderes als ein Hash des Block-Kopfes des Vorgänger-Blocks. Nachdem ein Block vorbereitet wurde (mehr zu dem Thema in Abschn. 4.1.1, 4.1.2 und 4.1.3) und das Rechenrätsel gelöst ist, wird der neue Block, zusammen mit der Lösung, auf dem gleichen Wege wie sonst die anderen Daten im System (Informationen: IP-Adressen anderer Nutzer, Transaktionen) an alle Nutzer verbreitet. Jeder Nutzer erhält den neuen Block, verifiziert ihn und fügt diesen zum Vorgänger-Block (letzten Block) hinzu. So entsteht eine geordnete Block-Kette.

Wenn mehrere Nutzer gleichzeitig zur Lösung der Rechenrätsel kommen, entsteht eine Verzweigung der Kette, ein sogenannter Fork. Die Wahrscheinlichkeit, dass mehr als zwei Nutzer gleichzeitig zu einer Lösung kommen, ist sehr gering. Das heißt dann, dass zwei neue Blöcke einen und denselben Vorgängerblock haben und im Netzwerk verschieden schnell verbreitet werden. Dadurch werden Nutzer unterschiedliche Blockketten (Kopien des Systems) haben. Weitere belohnungsmotivierte Nutzer referenzieren ihren neuen Block auf den Block, den sie zuerst bekommen haben. Die längste Kette wird immer bevorzugt, da es für die Nutzer unrentabel ist, eine Kette weiter zu „bauen", die sich im Endeffekt nicht durchsetzen wird. Diese wirtschaftlich motivierte Entscheidung repräsentiert den Konsens. Durch das Referenzieren des neuen Blockes mit einem der verzweigten Vorgängerblöcke gibt der Nutzer seine Stimme in Form von Rechenkapazität für eine der beiden Ketten ab. Das heißt, dass die Kette mit den meisten Stimmen oder genauer gesagt mit größtem Rechenaufwand „gewinnt". So bleibt das dezentrale System „konsistent".

Der Wettbewerb um die Belohnung hat im Bitcoin-System zu einer „Aufrüstung" der Hardware bei den an der Konsensbildung beteiligten Nutzern (Miner) geführt. Viele Miner schließen sich zu sogenannten Mining-Pools zusammen, um ihre Rechenkapazität zu bündeln. Das führt dazu, dass der Energieverbrauch und die damit verbundenen Kosten immer weiter steigen. Der Vorwurf der Elektroenergieverschwendung ist der größte Kritikpunkt am Proof-of-Work-Konzept.

Im Gegensatz dazu basiert das Konsens-Konzept namens Proof-of-Stake (PoS) nicht auf dem Aufwand für das Lösen des Rechenrätsels, sondern auf dem Anteil an digitalen Münzen einer Kryptowährung. Ein Nutzer, der *n* Prozent der digitalen Münzen besitzt, darf *n* Prozent der Blöcke erstellen.

Im Peercoin-System[60] (nutzt PoS und PoW – hybrid consensus) etwa basiert der verwertbare Anteil an digitalen Münzen auf dem Alter der Münze (coin age). Die Anzahl digitaler Münzen, die ein Block-Erzeuger besitzt, wird mit der Anzahl der Tage multipliziert, an denen die digitalen Münzen beim Blockerzeuger verwahrt wurden (wenn

---

[60]Peercoin ist eine Peer-to-Peer-Kryptowährung, die auf dem Design von Satoshi Nakamotos Bitcoin basiert [10].

3.3 Konsensfindung

nun Alice 5 Münzen von Bob erhalten hat und diese in ihrer Blockchain-Applikation (Wallet) bereits seit 10 Tagen verwahrt, beträgt das Münzenalter also 50 Münzentage). Für eine erfolgreiche Block-Erzeugung muss das Münzenalter zwischen 30 und 90 Tagen liegen. Diese digitalen Münzen werden bei der Blockerstellung in der ersten Transaktion vom Blockerzeuger an sich selbst geschickt. Danach sind diese erst in 30 Münzentagen wieder für das Minting (Blockerzeugung in PoS-Systemen) gültig. Jeder Nutzer des Peercoin-Systems kann einen Block erstellen und jährlich dafür eine Belohnung im Wert von maximal einem Prozent der gehaltenen digitalen Münzen erhalten. Die Belohnung besteht aus neu erzeugten Peercoins.

Im Gegensatz zum Peercoin- und Bitcoin-System sind bei der Kryptowährung NXT alle digitalen Münzen (Coins) von Beginn an vorhanden (Genesis-Block). Dort dienen die Transaktionsgebühren als Motivation für die Blockerzeuger. NXT setzt einen modifizierten PoS-Algorithmus ein [3].

Beim reinen PoS-Konzept gibt es das spezifische Problem „Nothing at Stake". In dem Fall, dass es zu einer Verzweigung der Kette kommt, können die Minter (Blockerzeuger in PoS) parallel auf beiden Verzweigungen, ohne wesentliche Verluste, neue Blöcke bauen. Somit besteht die Möglichkeit der doppelten Ausgabe von digitalen Kryptomünzen (double-spending problem). Da der Verlust in diesem Fall nicht so spürbar ist wie z. B. beim PoW-Konzept (bereits verbrauchte Energie), ist die Motivation für Angreifer bei PoS größer, was es attraktiver für Angriffe macht [3].

Dieses Problem wird in einer erweiterten Art von PoS gelöst. Es nennt sich „Delegated Proof-of-Stake". Hier gibt es Delegates (Vertrauenspersonen), nach bestimmten Regeln ausgewählte Nutzer (z. B. basierend auf der Anzahl der im Besitz befindlichen digitalen Münzen oder der von anderen Nutzern abgegebenen Wahlstimmen). Diese dürfen am Minting teilnehmen und die von anderen Delegates erstellten Blöcke verifizieren. Damit ein neuer Block akzeptiert wird, müssen ihn mehrere Delegates nach erfolgreicher Verifizierung signieren. Um Attacken zu vermeiden, werden die digitalen Münzen der Delegates im Falle eines bösartigen Verhaltens gesperrt.

Eine andere Alternative zu PoW und PoS ist das Proof-of-Burn-Konzept (PoB). Hier werden beim Mining digitale Münzen vernichtet (im übertragenen Sinne „verbrannt"). Je mehr digitale Münzen vernichtet werden, desto höher ist die Chance, dass der neu erstellte Block akzeptiert und in die Kette eingetragen wird. Die zu vernichtenden digitalen Kryptomünzen werden an eine Adresse verschickt, wo sie nicht mehr verwendbar sind.

Im Rahmen des Stellar Consensus Protocol (SCP) wurde weiter an der Lösung des Problems der byzantinischen Generäle[61] gearbeitet. Stellar ist eine öffentliche Finanzplattform, mit der Geld in unterschiedlichen Währungen einfach verschickt werden kann. SCP basiert auf einem neuen Modell für den Konsens, das im SCP White Paper zum ersten Mal[62] beschrieben wurde. Es trägt den Namen Federated Byzantine Agreement (FBA).

---

[61] Byzantine Agreement (BA, siehe Anhang A).
[62] White Paper vom 25. Februar 2016.

Im FBA benötigen die Nutzer keinen vollständigen Überblick über alle anderen Nutzer im System. Jeder Nutzer hat eine freie Wahl aus Mitgliedschaftsgruppen, denen vertraut wird, so genannte Quorum Slices. Ein Quorum ist eine Menge von Nutzern, die ausreicht, um eine Einigung zu erzielen. Ein Quorum Slice ist die Untermenge eines Quorums, die einen bestimmten Nutzer von der Einigung überzeugen kann. Jeder Nutzer kann mehrere Slices haben, die er basierend auf ihrer Reputation oder dem finanziellem Arrangement aussuchen kann [12].

Die Quoren können sich überschneiden, wenn sie gemeinsame Nutzer haben. Um eine Einigung zu erzielen, stimmen sich die FBA-Nutzer untereinander ab. Dafür nutzen diese das Federated Voting. Durch die Überschneidung der Quoren können sich die Slices gegenseitig bei der Entscheidungsfindung beeinflussen. Neue digitale Münzen (Coins) im Stellar-System, auch Lumens (XLM) genannt, werden wöchentlich durch eine solche Abstimmung an die Nutzer vergeben (ein Prozent jährliche Schöpfungsrate).

In dezentralen Netzwerken ist die konsistente Ressourcenverteilung eine essenzielle Eigenschaft. Diese wird in Blockchain-basierten Systemen durch eine Nutzerabstimmung für eine längste Kette gewährleistet. Da böswillige Nutzer die Abstimmung manipulieren können (double spending, Sybil-Angriff), werden diverse Mechanismen für die Stimmabgabe eingesetzt. Im Rahmen des Proof-of-Work-Konzepts werden die Stimmen in Form von physischen Ressourcen (Energieverbrauch durch Aufwendung von Rechenleistung) abgegeben. Dabei müssen sich die Nutzer, um Verluste möglichst gering zu halten und um den Wettkampf um die Belohnung zu gewinnen, an die Regeln halten (richtige Blöcke bauen). Oder, was sehr kostspielig ist, durch die höchste Rechenleistung (mehr als 51 Prozent) andere Knoten von der Richtigkeit der Blöcke überzeugen.

Unter diesen Umständen ist die „Strafe" für ein bösartiges Verhalten relativ hoch. Das motiviert die Einzel-Miner (Blockersteller, die in keinen Mining-Pool involviert sind) zusätzlich, nach den im System festgelegten Regeln zu agieren. Die Wahrscheinlichkeit ist sehr gering, dass in einem System mit zahlreichen Nutzern (wie Bitcoin) einer von diesen mehr Rechenleistung besitzt als alle anderen Knoten zusammen (über 51 Prozent der gesamten Rechenleistung[63]).

Konzepte wie PoS und PoB lösen das Problem des verschwenderischen Energieeinsatzes durch die Verlagerung des Schwerpunktes von physischen auf elektronische Ressourcen. Dadurch steigt allerdings die Wahrscheinlichkeit einer Verzweigung der Kette und von doppelten Ausgaben, was seinerseits mit weiteren Restriktionen gelöst werden kann, z. B. mit dem Delegated-Proof-of-Stake-Konzept.

---

[63]Es besteht durchaus die Möglichkeit, einen Angriff auch mit weniger Rechenkapazität als 50 Prozent des gesamten Netzwerks durchzuführen. Die Erfolgsrate dabei ist allerdings entsprechend gering (siehe Abschn. 4.2).

Literatur

1. F. L. Bauer, *Entzifferte Geheimnisse: Methoden und Maximen der Kryptologie*, (Springer-Verlag Berlin Heidelberg, 2000), p. 27
2. A. Biryukov, D. Khovratovich, I. Pustogarov, *Deanonymisation of clients in Bitcoin P2P network*, (Proceedings of the 2014 ACM SIGSAC Conference on Computer and Communications Security, ACM, 2014), pp. 15–29
3. BitFury Group, *Proof of Stake versus Proof of Work*, (White Paper, Sep 13, 2015 (Version 1.0)), pp. 1–26
4. M. Castro, B. Liskov, *Practical Byzantine Fault Tolerance*, (Proceedings of the Third Symposium on Operating Systems Design and Implementation, New Orleans, USA, February 1999), Vol. 99, pp. 173–186
5. B. Eylert, *Zugangssicherung*, (Sicherheit in der Informationstechnik, News & Media, Berlin, 2012), pp. 12-19
6. B. Eylert, D. Eylert, *Ausgewählte Verschlüsselungsverfahren*, (Sicherheit in der Informationstechnik, News & Media, Berlin, 2012), pp. 67–83
7. B. Eylert, J. Mohnke, *Signaturverfahren*, (Sicherheit in der Informationstechnik, News & Media, Berlin, 2012), pp. 84–90
8. P. Franco, *Understanding Bitcoin: Cryptography, engineering and economics*, (John Wiley & Sons, 2014)
9. A. Kerckhoffs, *La cryptographie militaire*, (Journal des sciences militaires, Bd. 9, 1883), pp. 161–191
10. S. King, S. Nadal, *PPCoin: Peer-to-Peer Kryptowährung mit Proof-of-Stake*, (peercoin.net, 2012)
11. L. Lamport, R. Shostak, M. Pease, *The Byzantine generals problem*, vol 4.3 (ACM Transactions on Programming Languages and Systems (TOPLAS), 1982), pp. 382–401
12. D. Mazières, *The Stellar Consensus Protocol: A Federated Model for Internet-level Consensus*, (2016)
13. C. Meinel, T. Gayvoronskaya, A. Mühle, *Die Zukunftspotenziale der Blockchain-Technologie*, hrsg. von E. Böttinger, J. zu Putlitz. Die Zukunft der Medizin, Vol 1 (Medizinisch Wissenschaftliche Verlagsgesellschaft, Berlin, 2019), pp. 259–268
14. R. Pass, L. Seeman, A. Shelat, *Analysis of the Blockchain Protocol in Asynchronous Networks*, (Annual International Conference on the Theory and Applications of Cryptographic Techniques, Springer, Cham, 2017), pp. 643–673
15. P. Pesch, R. Böhme, *Datenschutz trotz öffentlicher Blockchain*, (Datenschutz und Datensicherheit-DuD, Springer, 2017), Vol. 41, pp. 93–98
16. *Agrello – Solutions*, https://www.agrello.io/#solutions. Besucht am 01. Dezember 2019
17. *Bitcoin – Schützen Sie ihre Privatsphäre*, https://bitcoin.org/de/schuetzen-sie-ihre-privatsphaere. Besucht am 17.04.2017
18. *Bitcoin Wiki – Address*, https://en.bitcoin.it/wiki/Address. Besucht am 18.04.2017
19. *Bitcoin Wiki – Multisignature*, https://en.bitcoin.it/wiki/Multisignature. Besucht am 18.04.2017
20. *Bitcoin Wiki – Setting up a Tor hidden service*, https://en.bitcoin.it/wiki/Setting_up_a_Tor_hidden_service. Besucht am 20. Mai 2019
21. *BitcoinBlog.de – Adressen bei Kryptowährungen: eine Einführung*, https://bitcoinblog.de/2017/06/12/adressen-bei-kryptowaehrungen-eine-einfuehrung. Besucht am 17.04.2017
22. *ClearKarma*, http://www.clearkarma.com/. Besucht am 01.12.2019
23. *Deloitte – Die Blockchain aus Sicht des Datenschutzrechts*, https://www2.deloitte.com/dl/de/pages/legal/articles/blockchain-datenschutzrecht.html. Besucht am 20. Mai 2019
24. *Duden*, https://www.duden.de/. Besucht am 15.04.2019

25. *ITWissen.info – Peer-to-Peer-Netz*, http://www.itwissen.info/Peer-to-Peer-Netz-peer-to-peer-network-P2P.html. Besucht am 01.12.2019
26. *JuraForum – Analogieverbot - Erklärung, Beispiele und wann das Analogieverbot gilt*, https://www.juraforum.de/lexikon/analogieverbot. Besucht am 20. Mai 2019
27. O. Kuhlemann, in *Kryptografie*, Kryptografie.de, http://kryptografie.de/kryptografie/index.htm. Besucht am 06. März 2019
28. *Mining Champ – Hashrate of Graphics Cards*, https://miningchamp.com/. Besucht am 09. Mai 2019
29. *Modum.io*, http://www.clearkarma.com/. Besucht am 01.12.2019

4. Wo endet der Hype, wo beginnt die Innovation der Blockchain-Technologie?

Zusammenfassung

Jetzt sind Sie bereit, tiefer in die Materie einzusteigen und sich eine erste eigene Meinung zu bilden, was wohl die Blockchain-Technologie ist, eine Innovation oder doch nur ein Hype. Dabei werden wir uns die Architektur der Blockchain-Technologie an solch bekannten Beispielen wie Bitcoin und Ethereum genauer anschauen und Herausforderungen wie Sicherheit und Skalierbarkeit genauer unter die Lupe nehmen.

Die Blockchain-Technologie ist zwar noch relativ jung, aber bereits vielerorts Gesprächsthema. Das schillernde Bitcoin-Projekt als erste Implementierung der Technologie und deren rasante Weiterverbreitung in vielen verschiedenen Branchen haben das Thema Blockchain zunächst einmal zu einem Hype gemacht. In den Medien wird immer wieder über neue, unglaubliche Wertsteigerungen, einen starken Absturz oder den möglichen Untergang des Bitcoins berichtet.

In ihrem Hype Cycle for Emerging Technologies 2016 [14] positionierte Gartner, das weltweit führende Forschungs- und Beratungsunternehmen, die Blockchain-Technologie auf den „Gipfel der überzogenen Erwartungen"[64] (siehe Abb. 4.1). In dieser Phase wird über zahlreiche Erfolgsgeschichten in den Massenmedien berichtet, oft begleitet von einer Vielzahl von Misserfolgen. Infolgedessen versuchen manche Unternehmen, die Technologie für sich anzuwenden [49].

Nachdem das erste Interesse der Medien abgenommen hat, etwa weil unserer Meinung nach die Technologie noch in den Kinderschuhen steckt, zumindest was die ausgearbeiteten, technologieübergreifenden Standards, einheitliche Schnittstellen und bewährte Anwendungsfälle angeht, geht die Blockchain-Technologie in die nächste Phase des Hype

---

[64] Peak of Inflated Expectations.

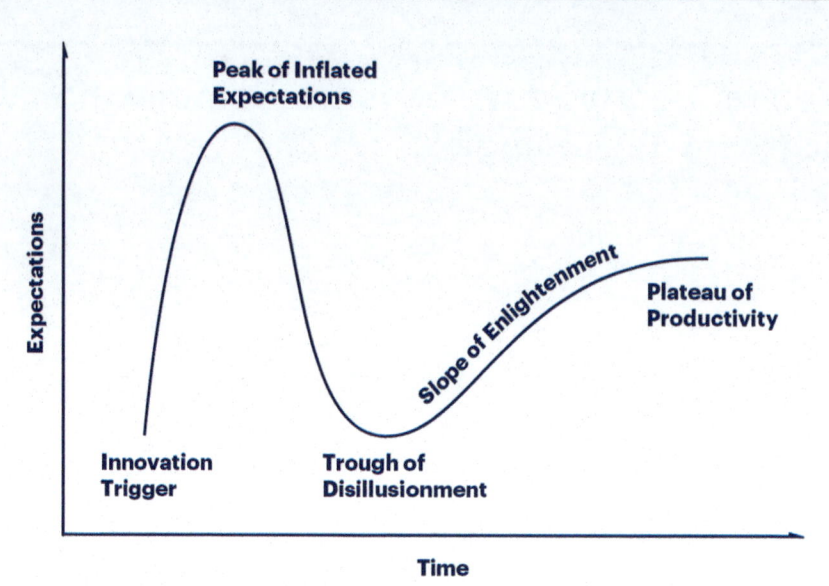

Abb. 4.1 Beispiel von einem Hype Cycle for Emerging Technologies (2020) [49]

Cycle über. Laut Gartners Hype Cycle for Emerging Technologies 2017 [15] erlebt die Blockchain-Technologie einen Abstieg ins „Tal der Enttäuschung".[65]

Nachdem die neue Technologie den Abstieg überwunden hat, der mit vielen nicht erfüllten Erwartungen und negativer Berichterstattung verbunden ist, ist damit zu rechnen, dass bestimmte Standards und einheitliche Schnittstellen festgelegt werden. Das führt nach unserer Auffassung in die nächste, „Pfad der Erleuchtung"[66] genannte Phase, um später auf die „Ebene der Produktivität"[67] zu gelangen, die mit breiter Anwendbarkeit im Markt verbunden ist. Solange die Blockchain-Technologie noch über keine ausgereiften einheitlichen Standards verfügt, wird sie sich weiterhin zwischen dem Hype überzogener Erwartungen einerseits und einer Innovation, deren Lösungen hier und da immer noch mit Schwierigkeiten behaftet sind, bewegen.

In den früheren Kapiteln haben wir bereits einen Teil des Blockchain-Hypes enthüllt und gezeigt, dass die Blockchain-Technologie kein Allheilmittel ist, sondern vielmehr eine erfolgreiche Kombination von bereits vorhandenen technologischen Ansätzen aus den Bereichen der Kryptografie, der dezentralen Netzwerke und der Konsensfindungsmodelle. In diesem Kapitel möchten wir auf die wahren Stärken und Herausforderungen der Blockchain-Technologie eingehen und Ihnen einen technischen Überblick geben.

---

[65] Trough of Disillusionment.
[66] Slope of Enlightenment.
[67] Plateau of Productivity.

4.1 Nachverfolgbarkeit, Fälschungssicherheit, Ausfallsicherheit

Der Einsatz einer neuen Technologie in einem bestehenden System muss bestimmte Vorteile bringen, also z. B. die Effizienz steigern oder die Kosten senken. So ist es auch beim Einsatz der Blockchain-Technologie. Es wird vor allem auf die Eigenschaften geachtet, die im Vergleich zu bereits etablierten technischen Lösungen einen Mehrwert bringen. Dabei ist der ursprüngliche Gedanke eines Blockchain-Systems, nämlich eines sicheren dezentralen öffentlichen Registers, zu beachten.

Die Nachverfolgbarkeit aller Einträge im System und die damit verbundene Fälschungssicherheit machen die Blockchain-Technologie besonders attraktiv für die Protokollierung von Daten. Das bietet zum Beispiel eine Grundlage für diverse Register, wie etwa ein Grundbuch oder medizinische Register. Zudem erlaubt die Blockchain-Technologie einen sicheren, dezentralen und transparenten Werte-Austausch zwischen den zahlreichen beteiligten Nutzern ohne dass ein vertrauenswürdiger Mittelsmann, eine so genannte Trusted Third Party, benötigt wird. Das heißt, dass die zu protokollierenden Daten (z. B. Besitz eines Wertes) von mehreren Parteien in die Blockchain geschrieben sowie aus der Blockchain ausgelesen werden können. Die Verteilung[68] der Blockchain auf viele voneinander unabhängige Rechner sichert gegen einen Systemausfall oder Datenverlust ab.

Um Datenschutz nicht außer Acht zu lassen, können beispielsweise auch nur die kryptografischen Fingerabdrücke der Daten (Hashwerte) manipulationssicher in der Blockchain protokolliert werden, wobei die eigentlichen Daten woanders[69] gespeichert werden.

Zum Beispiel nutzt das Identitätssystem Blockstack die Vorteile der Blockchain-Technologie und protokolliert dabei nur die Blockstack-Operationen in der Blockchain (Abb. 4.2). Die weiteren Funktionalitäten wie Management und Speicherung von Daten werden außerhalb der Blockchain geregelt (weitere Informationen im Abschn. 6.2).

Abb. 4.2 Blockstack-Schichtenarchitektur [1]

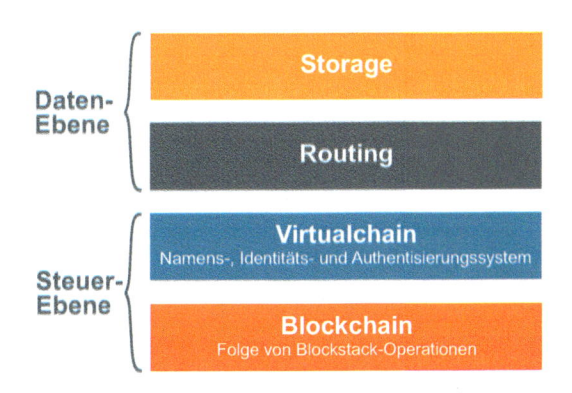

Daten-Ebene:
- Storage
- Routing

Steuer-Ebene:
- Virtualchain — Namens-, Identitäts- und Authentisierungssystem
- Blockchain — Folge von Blockstack-Operationen

---

[68]Replikation.
[69]CloudRAID bietet z. B. eine passende Infrastruktur dafür.

Dagegen haben reine Kryptowährungen eine einfachere Architektur (siehe Abb. 3.4):

- Blockchain als Grundlage,
- spezifische Regeln für die jeweilige Kryptowährung (darunter der Konsensalgorithmus) und
- eine Nutzer-Anwendung, in der alles implementiert ist.

So unterscheiden sich die einzelnen Blockchain-Anwendungen voneinander. Manche sind deutlich komplexer aufgebaut als andere. Was jedoch alle gemeinsam haben, ist die zugrunde liegende Architektur (ein kryptografischer Zeitstempeldienst / eine kryptografische Verkettung der Blöcke und ein Konsens über die längste Kette – siehe Abschn. 3.3).

Erst wenn man die Blockchain-Architektur gut versteht, werden die Eigenschaften wie Fälschungssicherheit und Nachverfolgbarkeit vollends deutlich. In den folgenden Kapiteln möchten wir zunächst mit den Inhalten/Informationen beginnen, die in die dezentrale Blockchain-Datenbank aufgenommen werden.

4.1.1 Kleinste Bausteine einer Blockchain

Oft nennt man ein auf der Grundlage der Blockchain-Technologie konzipiertes Netzwerk Internet der Werte („Internet of Value"). Dieser Begriff betrifft nur einen der Anwendungsbereiche oder genauer gesagt die erste Generation[70] der Blockchain-basierten Projekte (bitcoinähnliche Projekte). Eine Kryptowährungseinheit (digitale Kryptomünze), ein Ereignis oder ein Produkt,[71] z. B. ein zum Verkauf angebotenes Objekt auf einer Handelsplattform, können einen Wert darstellen. Ein Wert hat in der Blockchain-Technologie immer einen Besitzer. So wird im „Blockchain-Register" der aktuelle Stand dokumentiert, wem gerade der Wert gehört. Daher wird die Blockchain-Technologie oft mit einem öffentlichen Register verglichen.

Hinter der zweiten Generation der Blockchain-basierten Projekte steht eine Weiterentwicklung des ursprünglichen Konzepts der Blockchain-Technologie. Dabei ist nicht nur ein robustes und sicheres dezentrales System für die Protokollierung des Wertbesitzes möglich, sondern das System agiert als ein großer dezentraler Computer mit Millionen

---

[70]Der Einsatz der Blockchain-Technologie ist nicht nur auf den Bereich der Kryptowährungen oder dezentralen Register (dezentrales Grundbuch) begrenzt, sondern die Technologie wird vielmehr als eine programmierbare dezentrale Vertrauensinfrastruktur genutzt [70], die sogenannte Blockchain 2.0 (Smart Contracts).

[71]Nach angebotsorientierter Definition ist ein Produkt alles, was auf einem Markt zum Gebrauch oder Verbrauch angeboten wird und einen Wunsch oder ein Bedürfnis befriedigt. Demnach werden nicht nur physische Objekte, sondern auch verschiedene Dienstleistungsangebote, Ideen usw. als Produkte bezeichnet. Dieser Begriff umfasst alle materiellen und immateriellen Facetten, aus welchen Kundennutzen resultieren kann. [17, 63]

4.1 Nachverfolgbarkeit, Fälschungssicherheit, Ausfallsicherheit

von autonomen Objekten (Smart Contracts), die in der Lage sind, eine interne Datenbank zu pflegen, Code auszuführen und miteinander zu kommunizieren [53]. Ethereum gehört beispielsweise seit dem Jahr 2014 zu den ersten Projekten der zweiten Generation.

Blockchain-Projekte der beiden Generationen befassen sich damit, den jeweils aktuellen Stand des Systems zu aktualisieren und zu protokollieren.[72] In der ersten Generation geht es um den aktuellen Stand eines Wertes, also wem ein bestimmter Wert (unspent transaction output – UTXO) gehört. In der Blockchain 2.0 geht es um den aktuellen Stand eines Accounts[73] (account state – balance, code, internal storage). Diese Accounts werden z. B. in einem Ethereum-Netzwerk in zwei Typen unterteilt: externe und interne Accounts. Externe Accounts[74] sind mit einem Bankkonto vergleichbar; sie haben eine „Kontonummer", genauer gesagt eine Adresse,[75] und Informationen über das Guthaben und Transaktionen, die von der Adresse getätigt wurden. Nutzer des Ethereum-Systems besitzen externe Accounts und können mithilfe von Transaktionen Ether[76] an andere externe Accounts „transferieren" oder interne Accounts, die den autonomen Objekten (s. g. Smart Contracts – intelligenten Verträgen) zugeordnet sind, mithilfe der Transaktionen aktivieren. Die Smart Contracts haben eine Adresse und somit einen Account und einen eigenen Code, durch welchen sie gesteuert werden (mehr zum Thema Smart Contracts, siehe Abschn. 5.1.2). Der Code kann beliebige Regeln und Bedingungen implementieren und somit komplexe Anwendungen erlauben. Diese Anwendungen laufen ohne jeglichen zentralen „Koordinator" auf den Rechnern aller vollständigen Nutzer und bilden somit einen zensurresistenten dezentralen Welt-Computer (world computer) [16, 33, 53].

Der aktuelle Stand eines Wertes oder eines Accounts wird mithilfe einer Transaktion aktualisiert. Somit stellt die Transaktion eine Brücke, also einen gültigen Übergang, zwischen zwei Zuständen, dem vorherigen und dem aktuellen Stand, dar [16]. Transaktionsformat und -Bausteine unterscheiden sich je nach System. Allgemein besteht eine Transaktion aus bestimmten Daten, Werten oder Code (Transaktion zur Erstellung eines Smart Contracts), aus einer oder mehreren Empfängeradressen, einigen für das jeweilige System typischen Parametern und der digitalen Signatur des Absenders.

Blockchain-Projekte der ersten Generation protokollieren lediglich den aktuellen Stand eines Wertes und haben eine relativ simple Transaktionsstruktur. Diese hat zwei wesentliche Bestandteile: einen Eingang (Input) und einen Ausgang (Output). Im Input wird der zu übertragende Wert (über den der Nutzer bereits verfügt) referenziert und im Output steht, an welche Adresse dieser Wert „überschrieben" werden soll. Referenziert wird genauer gesagt ein Output der bereits gültigen Transaktion, durch die der Sender den Wert zu einem früheren Zeitpunkt transferiert bekommen hat. Im Fall einer Kryptowährung kann

---

[72] Daher wird die Blockchain-Technologie oft „replicated state machine" genannt.
[73] Auf Deutsch – Konto.
[74] Externally owned account – EOA.
[75] Ähnlich der Bitcoin-Adresse – siehe Abschn. 3.1.2.
[76] Digitale Kryptowährung des Ethereum-Systems.

ein Input mehrere Kryptomünzen beinhalten, daher muss im Output stehen, wie viele Kryptomünzen aus dem gegebenen Input und an welche Adresse ausgegeben werden sollen.

Ein neu erschaffener Wert, z. B. eine neu geschöpfte digitale Kryptomünze[77] oder etwa ein neues, für den Verkauf auf einer Handelsplattform bereitgestelltes Objekt, hat keine Vorgeschichte. Also ist der Transaktions-Input leer. Der Output stellt in dem Fall das Objekt oder eine Anzahl neuer Kryptomünzen dar und verweist auf die Empfänger-Adresse (den Besitzer dieses Wertes), z. B. auf den Hashwert des öffentlichen Schlüssels des Blockerstellers (Miner). Erst mit der nächsten Transaktion, wenn der Wert von einem Nutzer auf einen anderen „überschrieben" wird, wird der vorherige Output (unspent transaction output – UTXO) im Input referenziert. Diese Referenz zu einem UTXO besteht aus einem Hashwert der Transaktion, die diesen Output beinhaltet, und einem Output-Index, da eine Transaktion mehrere Outputs beinhalten kann.

Im Bitcoin-System etwa werden alle früheren Transaktionen, die an einen Nutzer adressiert und noch nicht ausgegeben worden sind, in seiner Wallet als aktueller Bitcoinbestand zusammengefasst aufgelistet. Diese früheren Transaktionen werden in neuen Transaktionen als Eingänge (Inputs) dieses Nutzers verwendet. Mehrere Ausgänge (Outputs) hat man, wenn man den zu überweisenden Wert an mehrere Empfänger aufteilt. Wenn der Absender einen kleineren Geldbetrag als jenen überweisen möchte, der durch alle Eingänge zusammen verfügbar ist, hat er die Möglichkeit, den Restbetrag an sich selbst zu überweisen. Wenn der Absender einen Restbetrag in seiner Transaktion hat, den er nicht an sich selbst zurücküberweist, wird dieser als Transaktionsgebühr verwendet (Abb. 4.3). Transaktionen können nicht rückgängig gemacht werden.

Im Bitcoin-System wird der Output durch einen Mechanismus namens ScriptPubKey gesperrt [18]. ScriptPubKey besteht aus einer Reihe von Anweisungen, die beschreiben, wie der Besitzer der jeweiligen Empfängeradresse einen Zugriff auf den Wert erlangen kann [28]. Daher wird im Input zusätzlich zu der Referenz zu dem Wert ein weiterer Mechanismus notwendig und zwar ScriptSig (Abb. 4.4). Dieser entsperrt den Wert, nachdem die im vorherigen Output gestellten Bedingungen erfüllt sind, z. B. wenn der Absender eine passende Adresse und eine der Adresse entsprechende Signatur nachweisen kann.[78]

Im Jahr 2012 wurde im Rahmen des BIP16[79] im Bitcoin-System eine neue Funktionalität implementiert. Diese gibt den Bitcoin-Empfängern eine Möglichkeit, Anweisungen zu definieren, wie die empfangenen Bitcoins später ausgegeben werden dürfen oder

---

[77] Engl. Crypto-Coin.

[78] Wie erläutert entspricht die Adresse dem Hash des öffentlichen Schlüssels (Public Key). Somit kann der Nutzer nur dann die an ihn adressierten Werte, genauer gesagt UTXOs, weiternutzen, wenn er einen zu dem öffentlichen Schlüssel passenden geheimen Schlüssel (Private Key) hat, den er für das Signieren nutzt.

[79] Bitcoin Improvement Proposal (BIP) ist ein Design-Dokument zur Einführung von Funktionen oder Informationen in Bitcoin [22].

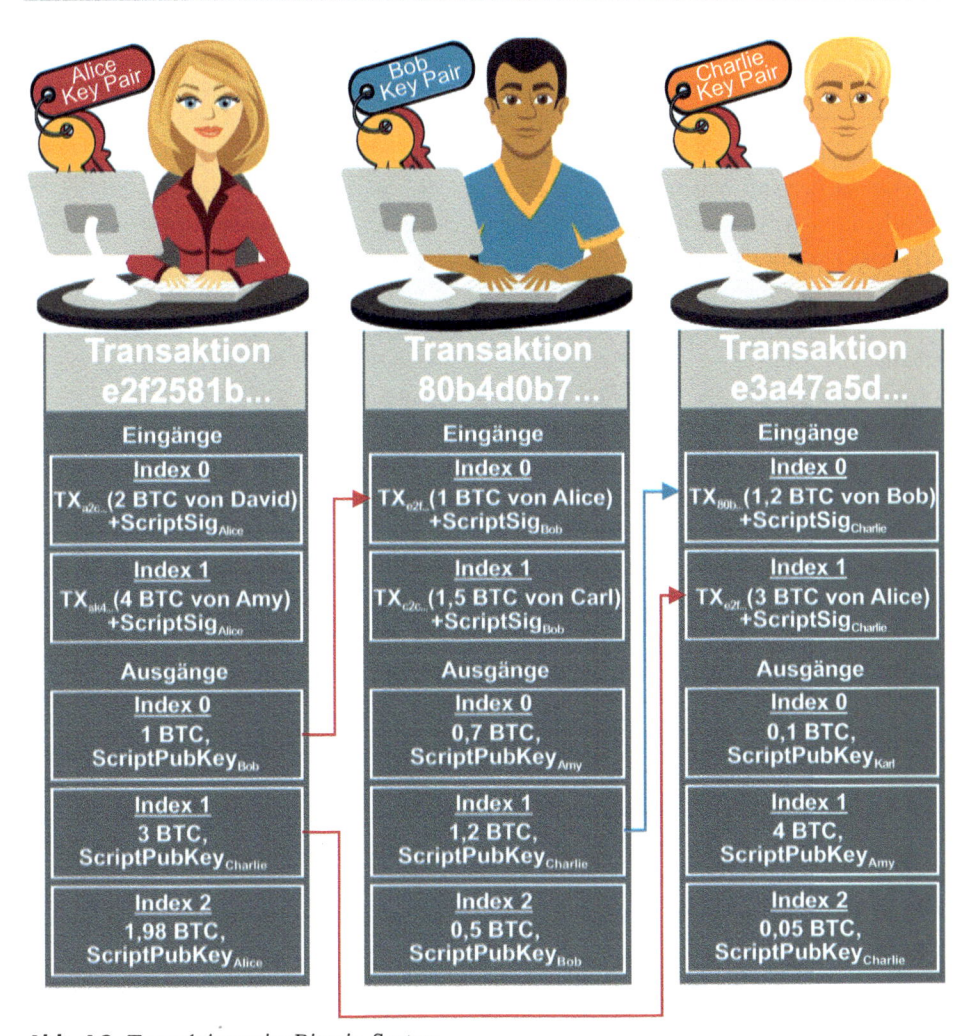

4.1 Nachverfolgbarkeit, Fälschungssicherheit, Ausfallsicherheit

Abb. 4.3 Transaktionen im Bitcoin-System

```
Input:
Previous tx: f5d8ee39a430901c91a5917b9f2dc19d6d1a0e9cea205b009ca73dd04470b9a6
Index: 0
scriptSig: 304502206e21798a42fae0e854281abd38bacd1aeed3ee3738d9e1446618c4571d10
90db022100e2ac980643b0b82c0e88ffdfec6b64e3e6ba35e7ba5fdd7d5d6cc8d25c6b241501

Output:
Value: 5000000000
scriptPubKey: OP_DUP OP_HASH160 404371705fa9bd789a2fcd52d2c580b65d35549d
OP_EQUALVERIFY OP_CHECKSIG
```
Abb. 4.4 Beispiel einer Bitcoin-Transaktion mit einem Input und einem Output [24]

genauer gesagt wie diese entsperrt werden können. So wird eine s. g. Pay-to-Script-Hash-Adresse (P2SH-Adresse) definiert. Diese wird z. B. oft für Multi-Signature-Transaktionen eingesetzt. Wie bei einer bereits zuvor beschriebenen Pay-to-Public-Key-Hash-Adresse (P2PKH-Adresse) wird im Output, genauer gesagt im ScriptPubKey, ein Hashwert als Adresse angegeben. Nur im Fall von P2SH ist es ein Hashwert von einem „Skript"[80] (eine Reihe von Anweisungen) und nicht nur von einem öffentlichen Schlüssel (Public Key). Das bedeutet, dass in der nächsten Transaktion, die den Wert „ausgeben" wird, ein entsprechender Entsperr-Mechanismus verwendet werden muss. In dem Fall werden bei ScriptSig, nicht wie in einer P2PKH-Transaktion, nur eine Signatur und ein dazu passender öffentlicher Schlüssel für die Verifikation angegeben, sondern ein Skript und die dafür notwendigen Daten (öffentliche Schlüssel und Signaturen).

Die Transaktionsstruktur in den Blockchain-Projekten der zweiten Generation ist deutlich komplexer. Im Ethereum-System wird zwischen zwei Transaktionstypen unterschieden: Transaktionen, die zwischen den Accounts „ausgetauscht" werden und Transaktionen, die der Erstellung neuer Smart Contracts dienen (contract creation transaction). Transaktionen, die zwischen den Accounts ausgetauscht werden, werden wiederum in zwei Typen unterteilt: Transaktionen, die von den externen Accounts getätigt werden und s. g. Messages, die zwischen den internen Accounts der Smart Contracts, ausgetauscht werden. Eine Ethereum-Transaktion besteht aus folgenden Inhalten:

- nonce – ein Wert, der der Anzahl der vom Sender getätigten Transaktionen entspricht,
- gasPrice – im Ethereum-System wird eine Gebühr für jeden Schritt einer Smart-Contract-Berechnung vorgesehen. Die Gebühren werden aus Sicherheitsgründen erhoben (Schutz gegen Denial-of-Service-Angriffe). Dabei soll jeder Nutzer, auch Angreifer, für jede Ressource, die er verbraucht, bezahlen (einschließlich Berechnung, Bandbreite und Speicherung). Die Gebühreneinheit wird gas genannt (auf Deutsch Benzin oder Sprit) und wird in Ethereums eigener Kryptowährung Ether bezahlt. So wird in jeder Transaktion der aktuelle Preis einer Gaseinheit für die Berechnungskosten, die durch die Durchführung dieser Transaktion entstehen, vermerkt.
- gasLimit – ein Wert, der einer maximalen Gasmenge entspricht, die bei der Ausführung dieser Transaktion verwendet werden darf. Dies wird im Voraus bezahlt, bevor eine Berechnung durchgeführt wird, und darf später nicht mehr erhöht werden. gasLimit wird eingesetzt, um versehentliche oder absichtliche Endlosschleifen oder andere Rechenprobleme im Code zu vermeiden. Daher wird in jeder Transaktion eine Grenze gesetzt, wie viele Rechenschritte des Codes ausgeführt werden dürfen.
- Empfänger-Adresse (im Falle einer Contract-Creation-Transaktion ist dieses Feld leer),

---

[80] Genauer gesagt Hashwert von dem Skript und dafür notwendigen Daten, wie z. B. mehrere öffentliche Schlüssel.

- value – die Ether-Menge, die vom Sender an den Empfänger übertragen werden soll (im Falle einer Contract-Creation-Transaktion die Menge an Ether für den neu erstellten Smart-Contract-Account),
- Daten, die zum Signieren der Transaktion eingesetzt werden und zur Bestimmung des Absenders der Transaktion dienen,
- Smart-Contract-Code für die Contract-Creation-Transaktion,
- Daten für eine Message (Transaktionen, die zwischen den Smart Contracts ausgetauscht werden) [16, 55].

Nachdem eine Transaktion erstellt wurde, wird diese an andere Nutzer weitergegeben, mit denen eine Verbindung besteht. Transaktionen und Blöcke werden von Nutzer zu Nutzer im System weiterverteilt. Es besteht keine bestimmte Route von einem zum anderen Nutzer, durch die die Daten (Transaktionen, Blöcke, IP-Adressen) transferiert werden, sondern jeder vollständige Nutzer (full node) verifiziert die empfangene Transaktion anhand der festgelegten Regeln (siehe Anhang C), speichert eine Kopie in seinem Zwischenspeicher (memory pool) und verbreitet diese an viele andere Nutzer weiter (siehe Abschn. 3.2). So wird der aktuelle Stand eines Wertes oder eines Accounts in der Blockchain protokolliert. Das heißt auch, dass jeder Nutzer nachverfolgen kann, wem ein Wert wann gehört hat und welchen Stand ein Account wann gehabt hat.

Hier vier Beispiele für die Verifikation von Transaktionen im Bitcoin-System:

- eine Transaktion ist signiert worden,
- eine Transaktion ist nie zuvor „ausgegeben" worden,
- wenn die Transaktion an mich gesendet wurde, füge sie meiner Wallet hinzu,
- wenn die Transaktion einem gültigen Block hinzugefügt worden ist, lösche sie aus dem Zwischenspeicher.

Eine Transaktion gilt z. B. im Bitcoin-System als gültig, wenn sie in einen Block aufgenommen worden ist, der bereits mindestens fünf Nachfolgerblöcke hat. Diese Anzahl wurde in der Annahme festgelegt, dass potenzielle Angreifer nicht genügend Rechenleistung besitzen oder aufbringen wollen, um sechs Blöcke neu zu berechnen.

4.1.2 Block und Kette

Nachdem Transaktionen an die vollständigen Nutzer (full nodes) im Blockchain-Netzwerk verteilt wurden und nach der erfolgreichen Verifizierung in deren Zwischenspeicher aufgenommen wurden, können die Nutzer sie in einer bestimmten Liste mit zusätzlichen Informationen zusammenfassen. Dafür erhalten sie eine Belohnung. Eine solche Liste wird in der Blockchain-Technologie „Block" genannt. Der Nutzer hat nur dann eine Chance, einen gültigen Block zu erstellen und dafür eine Belohnung zu erhalten, wenn er den Block den in seinem System vordefinierten Anforderungen entsprechend erstellt hat und wenn sein Block in der längsten Kette aufgenommen worden ist (siehe Abschn. 3.3). In bitcoinähnlichen Projekten wird Proof-of-Work für die Erstellung eines gültigen Blocks notwendig (siehe Abschn. 3.3). Entwickler des Ethereum-Systems dagegen planen im Jahr 2020 einen Umstieg von Proof-of-Work auf Proof-of-Stake durchzuführen.

Transaktionen und Blöcke sind die wichtigsten Bausteine einer Blockchain. In einem Block werden zusätzlich zu den Transaktionen weitere Informationen in einem s. g. „Block-Kopf" (im Weiteren Block-Header genannt) erfasst.[81] Diese Informationen sind für den richtigen Aufbau der Block-Kette und deren Verifizierung notwendig.

Im Bitcoin-System beinhaltet ein Block-Header die folgenden Angaben:

- Nonce[82]– ein wichtiger Hinweis auf den richtigen Aufbau des Blocks, wird für das Mining verwendet (32 Bit),
- eine Referenz zum vorherigen Block: ein SHA-256-Hash[83] des vorherigen Block-Headers,
- ein für den Blockaufbau wichtiger Wert, der eine Zielvorgabe[84] für das kryptografische Rechenrätsel zeigt (siehe Abschn. 3.3),
- eine Blockzeit[85] [19],
- eine Referenz zu allen Transaktionen in dem Block, auch Wurzel des Merkle-Baums genannt („Merkle Root", 256 Bit),
- die Angabe einer s.g. „Block-Version" (im BIP[86] beschriebene und in einer der Bitcoin-Core-Versionen[87] eingeführte Block-Version, die bestimmten Merkmalen/Funktionen entspricht und als eine Soft-Fork[88] eingeführt wurde).

---

[81]Im Ethereum-System werden zusätzlich zu dem Block-Header und zu den Transaktionsinformationen eine Liste anderer Block-Header aufgeführt, s. g. „ommers" oder im Ethereum-Jargon „uncles" [16].

[82]In der Kryptografie wurde die Bezeichnung Nonce (Abkürzung für: „used only once" oder „number used once") aufgegriffen, um eine Zahlen- oder Buchstabenkombination zu bezeichnen, die nur ein einziges Mal in dem jeweiligen Kontext verwendet wird [72] (mehr Informationen in dem Abschn. 4.1.3).

[83]SHA256(SHA256(Block-Header)).

[84]Engl. difficulty target. Dieser Wert wird im Bitcoin-System alle zwei Wochen neu errechnet (mehr zu dem Thema im Abschn. 4.1.3).

[85]Genauer gesagt ein Zeitstempel. Die Blockzeit ist eine Unix-Epochenzeit, in der ein Miner anfing, den Block zu erstellen (den Header zu hashen – Mining).

[86]Bitcoin Improvement Proposal (BIP) ist ein Design-Dokument zur Einführung von Funktionen oder Informationen in Bitcoin [22].

[87]Bitcoin Core (ehemals Bitcoin-Qt) ist der dritte Bitcoin-Client, der von Wladimir van der Laan auf der Grundlage des ursprünglichen Referenzcodes von Satoshi Nakamoto entwickelt wurde [22].

[88]Siehe Abschn. 4.1.4.

4.1 Nachverfolgbarkeit, Fälschungssicherheit, Ausfallsicherheit

Der Hash des vorherigen Block-Headers, die Nonce und die Zielvorgabe für das kryptografische Rechenrätsel sind für das Mining (Erstellung eines neuen Blockes) relevante Angaben (mehr dazu im Abschn. 4.1.3).

Wie im Kapitel Kryptografie gezeigt, erlaubt die Hashfunktion eine eindeutige und einfache Identifizierung der Daten, was für eine schnelle und relativ eindeutige Referenzierung sehr praktisch ist. In der Blockchain-Technologie helfen die Hashwerte, die richtige Reihenfolge der Daten/Informationen zu gewährleisten. Sie werden als Referenzen eingesetzt (der Hashwert einer Transaktion oder eines Blockes ist die Referenz zu der Transaktion oder zu dem Block). Eine Transaktion beinhaltet zum Beispiel die Hashwerte der vorherigen Transaktionen; diese sind z. B. in bitcoinähnlichen Systemen die Eingangswerte der Transaktion (Inputs), genauer gesagt der Wertebestand (im Bitcoin-System der Geldbestand). Dadurch ist es möglich, die gesamte Historie der Transaktion oder des Endwertes in der Blockchain zu verfolgen.

Die Blöcke beinhalten zwei unterschiedliche Referenzen, eine zu dem vorherigen Block (Hash des Block-Headers) und eine weitere zu allen in dem Block aufgeführten Transaktionen. Diese Referenzen sind so genannte „Fingerabdrücke". Die Referenz zu den Transaktionen im Block hilft schnell nachzuweisen, ob eine Transaktion nachträglich in den Block eingefügt worden ist oder geändert wurde.

Die Merkle Root ist der letzte Hashwert im so genannten Hashbaum. Bei einem Hashbaum („Merkle Tree") handelt es sich um eine Baumstruktur (aus der Graphentheorie) bestehend aus aufeinanderfolgenden Hashwerten.[89] In Abb. 4.5 ist zum Beispiel zu sehen, dass aus Transaktion 1 (**TX1**) zuerst ein doppelter Hashwert **dh1** erstellt wird. Das ist **dh1=SHA256(SHA256(TX1))**. Das Gleiche wird mit den Transaktionen **TX0**, **TX2** und **TX3** gemacht. Dann werden aus den ersten gefundenen doppelten Hashwerten der Ursprungstransaktionen weitere Hashwerte berechnet. Die Wurzel des Baums **dh0123** ist in diesem Fall die Merkle Root.

Im Gegensatz zum Bitcoin-System nutzt das Ethereum-System eine weiterentwickelte Technologie für eine kryptografisch authentifizierte Datenstruktur und zwar den Merkle

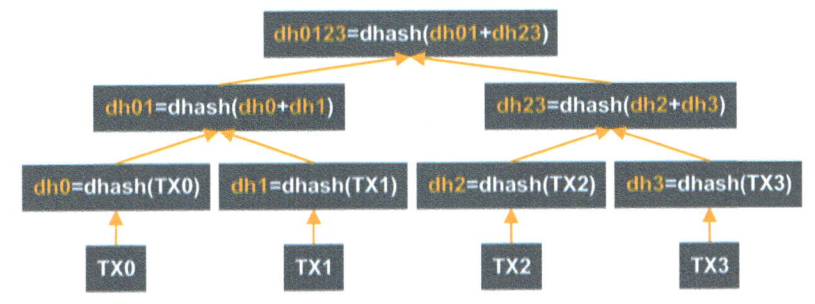

Abb. 4.5 Hash-Baum aus Transaktionen

---

[89] Im Bitcoin-System wird die Hashfunktion SHA-256 doppelt angewendet.

Patricia Tree.[90] So wird in einem Ethereum-Block-Header nicht nur eine Merkle Patricia Root der Transaktionsliste[91] (transactionsRoot) gespeichert, sondern zwei weitere Roots: die der Zustände[92] (stateRoot) und die der Belege[93] (receiptsRoot). Neben den drei Roots werden weitere zwölf Angaben in einem Ethereum-Block-Header gespeichert. Zum Vergleich: ein Bitcoin-Block-Header besteht aus sechs Angaben [16]. Das bestätigt erneut die höhere Komplexität des Ethereum-Systems gegenüber dem Bitcoin-System.

Die Blockgröße ist im Bitcoin-System auf 1 MB begrenzt. Somit kann ein Block etwa zwischen 900 und 2500 Transaktionen enthalten. Seit Langem wird in der Bitcoin-Community darüber diskutiert, ob die Blockgröße bei 1 MB bleiben oder auf 2 MB erhöht werden soll. Am 1. August 2017 entstand die neue Kryptowährung Bitcoin Cash (BCH) durch Abspaltung vom Bitcoin-System. Hier ist die Größe eines Blocks auf 8 MB festgesetzt. Im Ethereum-System beträgt die Größe eines Blocks ca. 27 kB (Stand Mai 2020).

Eine der Vorgaben für die Blockerstellung (Mining oder Minting, der Name hängt vom Konsensalgorithmus ab, siehe Abschn. 3.3) ist, dass ein neuer Block in einer bestimmten Zeit erstellt werden muss. Im Bitcoin-System sind es 10 Minuten (ca. 60 Blöcke pro Stunde) und bei Ethereum wird alle 14 Sekunden ein neuer Block erstellt (ca. 250 Blöcke pro Stunde).

Im Bitcoin-System werden neue Werte, also neue Bitcoins, bei der Blockerstellung generiert/geschöpft. Dabei erstellt der Blockersteller (Miner) eine neue Transaktion, in der er sich selbst belohnt, s. g. Coinbase-Transaktion. Diese Transaktion ist die erste Transaktion im Block. Der Input dieser Transaktion ist entsprechend leer, da die Bitcoins neu geschöpfte Bitcoins sind und keine Historie haben, und im Output wird die Belohnungsgröße (Anzahl neuer Bitcoins[94] zuzüglich Gebühren, die für die im Block aufgenommenen Transaktionen bezahlt wurden) zusammen mit dem ScriptPubKey eingegeben. Diese Transaktion wird zusammen mit anderen Transaktionen[95] zu einem Block geformt.

Um sicher zu sein, dass die erstellte Transaktion gültig ist, sollten die Nutzer warten, bis die Transaktion in einen Block aufgenommen worden ist, der bereits mehrere Nachfolgerblöcke hat (im Bitcoin-System mindestens fünf).

---

[90] Auch Merkle Patricia Trie oder Patricia Trie genannt. Diese Struktur erlaubt eine schnellere Suche nach Inhalten, einfach zu implementieren und benötigt wenig Speicherplatz. [55]

[91] Für jeden Block gibt es einen eigenen Transaktionsbaum (Transactions Tree).

[92] Es gibt einen globalen Zustandsbaum (State Tree), der im Laufe der Zeit aktualisiert wird.

[93] Im Ethereum-System wird für jede Transaktion ein Beleg erstellt, der bestimmte Informationen zu ihrer Ausführung enthält (mehr zu dem Thema in [16, 55]). Jeder Block hat seinen eigenen Beleg-Baum (Receipts Tree).

[94] Bis 2020 sind es 12,5 neu erzeugten Bitcoins. Nach 210.000 Blöcken wird die an die Miner bezahlte Belohnung halbiert (ca. alle 4 Jahre, z. B. sind es ab 2020 nur noch 6,25 Bitcoins).

[95] Transaktionen anderer Nutzer, die der Miner bereits in seinen Zwischenspeicher aufgenommen hat.

Da jeder neue Block innerhalb einer festgelegten Zeit erstellt wird, ist die Wartezeit entsprechend lang. Im Bitcoin-System sind es zwischen einer und zwei Stunden.

Miner erhalten die Transaktionsgebühren aller im Block enthaltenen Transaktionen. Nachdem ein Block erstellt ist, wird dieser an die Nutzer verteilt. Jeder vollständige Nutzer (full node) verifiziert den empfangenen Block nach den festgelegten Regeln und fügt diesen der Kette hinzu. Somit entsteht eine Kette aus aufeinanderfolgenden und durch Referenzen miteinander verketteten Blöcken. Der erste Block in der Kette wird auch Genesis-Block genannt.

Die Blockchain-Technologie listet also alle Transaktionen auf, die jemals im jeweiligen System durchgeführt und in Blöcke aufgenommen worden sind. Die aufgelisteten Blöcke bilden eine Kette, in der jeder Block eine Referenz zum vorherigen enthält. Somit entsteht eine geordnete Folge von Blöcken. Daraus entstand der Name Blockchain (Blockkette).

Da das Blockchain-System dezentral ist und es zwischen den Nutzern keine Absprachen über die Priorität der erstellten Blöcke gibt, kann es dazu kommen, dass mehrere Miner zum gleichen Zeitpunkt einen neuen Block erzeugen. Wenn diese Blöcke allen Regeln entsprechen und sich auf den letzten Block beziehen, kann es zu einer Verzweigung der Kette kommen. Diese Verzweigung wird auch „Fork"[96] genannt. Die Lösung dafür ist gleichzeitig die wichtigste Regel in einem Blockchain-basierten System: „Die längste Kette ist gültig" (mehr dazu in den Abschn. 4.1.3 und 3.3). Die kürzeste Kette wird ignoriert; deren Blöcke nennen sich dann „orphan blocks" (siehe Abb. 4.6).

Die Größe der Bitcoin-Blockchain betrug Ende Mai 2020 etwa 280 GB.

4.1.3 Fortschreibung der Blockchain

Die Blockchain wird fortgeschrieben, indem neue Transaktionen zu Blöcken zusammengefasst und die Blöcke in einer bestimmten Reihenfolge miteinander kryptografisch verkettet werden. Da ein Blockchain-basiertes System dezentral ist, ist eine Konsensfindung notwendig. Dabei ist eine der größten Herausforderungen, eine Einigung auf einen „für alle richtigen" Zustand des Systems zu erzielen, genauer gesagt, welche Reihenfolge und ob die Ausführung der Inhalte korrekt sind, und welche nicht (siehe Abschn. 3.3). Generell darf jeder vollständige Nutzer Anteil an der Konsensfindung haben und die Blockchain fortschreiben. Da die Nakamoto-Konsenslösung darauf setzt, dass in einem System ohne Teilnahmebedingungen[97] die Mehrheit der Rechenleistung in den Händen von ehrlichen Nutzern[98] liegt, können die vollständigen Nutzer ihre Stimme zum Erzielen des Konsenses durch das Aufwenden ihrer Rechenressourcen abgeben. Dies geschieht beim Lösen eines Rechenrätsels. Der Nutzer, der das Rechenrätsel schneller als die anderen Nutzer des Systems löst, darf die Blockchain fortschreiben und erhält dafür

---

[96] Auf Deutsch: Gabel.
[97] Böswillige Nutzer können viele falsche Identitäten erzeugen.
[98] Und nicht, dass die Mehrheit der Nutzer ehrlich ist.

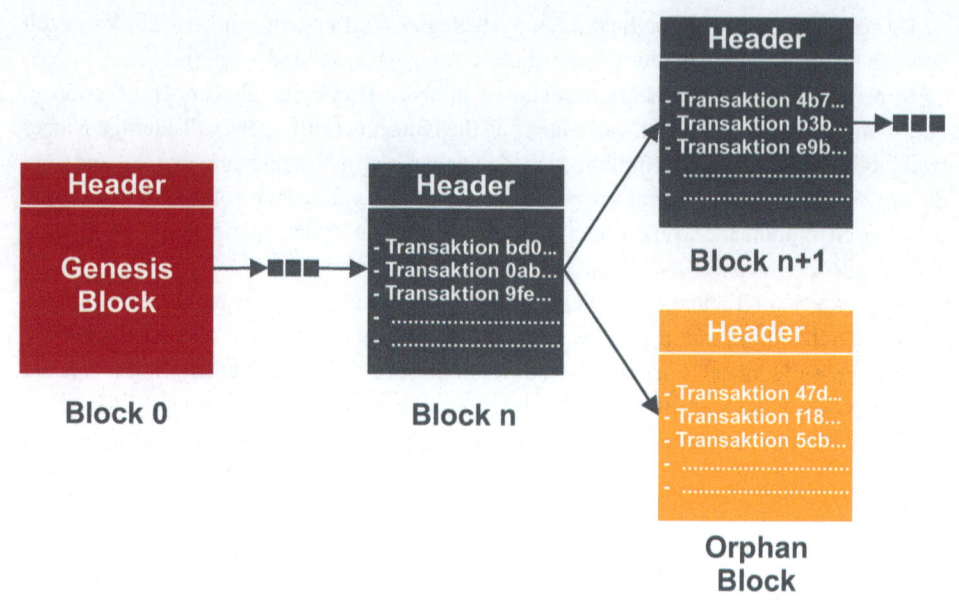

Abb. 4.6 Blockchain

eine Belohnung.[99] Das Konzept wird Proof-of-Work (PoW) genannt. Somit dient die Belohnung im Bitcoin-System der Schöpfung und Verbreitung neuer Bitcoins sowie als Motivation der Nutzer, im Mining-Prozess mitzumachen und damit die Sicherheit des Systems zu gewährleisten [26].

Das Rechenrätsel besteht darin, durch einfaches Ausprobieren beliebig vieler Hashwerte einen der Zielvorgabe entsprechenden Wert zu finden. Dieser Prozess heißt Mining (auf Deutsch übersetzt bedeutet Mining Bergbau oder Schürfen). Die Nutzer, die die Blockchain fortschreiben, werden Miner genannt. Da zum Beispiel im Bitcoin-System die Belohnung zum Teil aus neu geschöpften Bitcoins besteht und diese an den Ersteller des neuen Blockes ausgeschüttet werden, liegt in der Tat eine gewisse Ähnlichkeit zur Rohstoffförderung im Bergbau vor: Wer schürft, muss schwere Arbeit leisten, um an die Materie zu kommen.

Weitere Konzepte, wie z. B. Proof-of-Stake (PoS), das nicht auf dem Rechenaufwand für das Lösen des Rechenrätsels, sondern auf dem Anteil an digitalen Münzen einer Kryptowährung basiert, werden im Rahmen dieses Kapitels nicht weiterverfolgt.

Die beim Mining zu leistende Arbeit ist absichtlich ressourcenintensiv und schwer, damit der Blockerstellungsprozess konstant bleibt (im Bitcoin-System – alle 10 Minuten ein neuer Block) und mögliche Angreifer davon abhält, die Blöcke zu manipulieren oder das Netzwerk mit gefälschten Blöcken zu überfluten. Denn Angreifer müssen ja ebenfalls die Leistung erbringen, um neue Blöcke zu erstellen.

---

[99] Im Bitcoin-System besteht die Belohnung aus neu geschöpften Bitcoins und Transaktionsgebühren.

4.1 Nachverfolgbarkeit, Fälschungssicherheit, Ausfallsicherheit

Nachdem getätigte Transaktionen an alle vollständigen Nutzer verteilt worden sind, verifizieren diese die erhaltenen Transaktionen und speichern sie in ihrem jeweiligen Zwischenspeicher (memory pool), bis sie in einen Block aufgenommen werden.

Bevor ein Miner die Transaktionen in einen gültigen Block aufnehmen kann, muss er ein kryptografisches Rechenrätsel mit einem bestimmten Schwierigkeitsgrad[100] („difficulty") lösen. Das Rätsel besteht darin, einen Hashwert unterhalb der gegebenen Zielvorgabe („difficulty target") zu finden. Der Schwierigkeitsgrad und die Zielvorgabe werden alle zwei Wochen (nach 2016 Blöcken) so angepasst, dass für die Erstellung eines Blocks zehn Minuten benötigt werden. Wenn die Rechenleistung des gesamten Netzes steigt bzw. sinkt und die 2016 Blöcke in weniger bzw. mehr als zwei Wochen gefunden werden, dann wird der Schwierigkeitsgrad ensprechend erhöht oder gesenkt.

Der Hashwert wird durch die doppelte Hashfunktion SHA-256 aus dem Block-Header und einer Nonce[101] errechnet. Die Nonce, eine 32 Bit lange, variable hexadezimale Zeichenkette, wird immer wieder angepasst, bis der Hashwert kleiner oder gleich der Zielvorgabe ist (siehe Abb. 4.7).

Die Zielvorgabe ist eine 256 Bit lange hexadezimale Zeichenkette, die alle vollständigen Nutzer errechnen können. Je kleiner die Zielvorgabe ist (also je mehr Nullen am Anfang der Zeichenkette stehen), desto höher ist der Schwierigkeitsgrad. Entsteht bei der Hashberechnung die geforderte Anzahl von Nullen am Anfang, ist die Aufgabe gelöst (Mehr dazu in [60]).

Die Wahrscheinlichkeit, dass ein Nutzer die richtige Lösung findet, ist proportional zu der von ihm eingesetzten Rechenleistung (seiner Hashrate[102]). Nachdem die passende Lösung gefunden wurde, wird der erstellte Block an alle Nutzer verteilt.

Abb. 4.7 Mining-Prozess, Lösen der kryptografischen Aufgabe

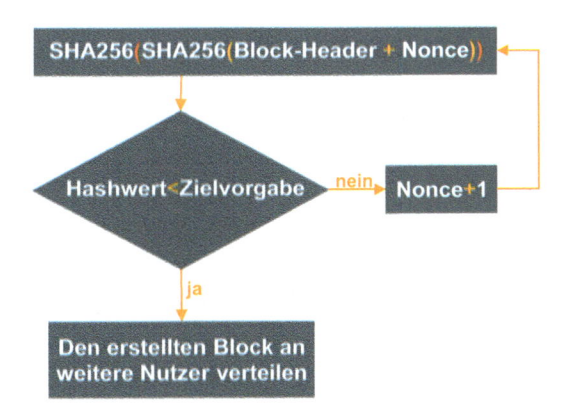

---

[100]Der Schwierigkeitsgrad gibt an, wie schwer es ist, einen Hashwert unterhalb der gegebenen Zielvorgabe zu finden.

[101]In der Kryptografie wurde die Bezeichnung Nonce aufgegriffen, um eine Zahlen- oder Buchstabenkombination zu bezeichnen, die nur ein einziges Mal in dem jeweiligen Kontext verwendet wird [72].

[102]Hashrate – oder Rechenleistung, wie viele Hashing-Operationen in einer Sekunde durchgeführt werden können.

Jeder vollständige Nutzer (full node) verifiziert[103] den erhaltenen Block. Abhängig vom Verifikationsergebnis wird der Block akzeptiert (in die Hauptkette[104] oder zur Side Branch[105] hinzugefügt) oder verworfen (Orphan Block[106]). Bei Akzeptanz des Blocks wird dieser immer weiter an andere Nutzer verschickt (siehe Abschn. 3.2).

Durch die Latenz des Netzwerks verbreiten sich die Blöcke unterschiedlich schnell. Wenn mehrere Miner das Rechenrätsel gleichzeitig lösen und ihre Blöcke simultan im Netz verteilen, wird sich nach einiger Zeit trotzdem nur eine einzige Kette durchsetzen.

> Hierfür ein Beispiel: Alice und Bob haben gleichzeitig eine Lösung für das kryptografische Rechenrätsel gefunden und verbreiten ihre neu geschaffenen Blöcke **a** und **b** im Netz. Jeder Nutzer speichert den zuerst erhaltenen Block nach erfolgreicher Verifikation als Teil der Hauptkette (Main Branch). Ein Nutzer **Dave** erhält den Block **b** von Bob, nachdem er den Block **a** von Alice bereits erhalten hat. Dann fügt er diesen nach der Verifikation zur Side Branch hinzu und wartet auf den nächsten Block. Charlie ist ebenfalls ein Miner und hat zuerst den Block **b** erhalten. Er baut einen weiteren Block **b+1** und verteilt diesen an alle Nutzer. Der Nutzer **Dave** erhält den Block **b+1**. Nach der Verifikation fügt er diesen zu seiner Side Branch (wo der Block **b** von Bob gespeichert ist) hinzu und definiert diese zu einer Hauptkette um, da die längste Kette am Ende zu einer Hauptkette wird. Die Blöcke aus der Side Branch werden zu Orphan-Blöcken und deren gültige Transaktionen werden wieder in den Zwischenspeicher der Nutzer verschoben. Da sich die Kette mit Bobs Block durchgesetzt hat, erhält Bob nach 100 Blöcken Wartezeit eine Belohnung in Form von neu geschöpften Bitcoins und Transaktionsgebühren. Alice erhält keine Belohnung für ihren Block **a**.

Die Anzahl neu geschöpfter Bitcoins wird alle vier Jahre halbiert (bis 2012 waren es 50 BTC, bis Juli 2016 lag die Zahl bei 25 BTC, bis 2020 waren es 12,5 BTC, usw.).

Um das Rechenrätsel mit dem vorbestimmten Schwierigkeitsgrad so schnell wie möglich lösen zu können, benötigt ein Nutzer effiziente Hardware, die zum Beispiel[107] 15 Millionen Hashes in einer Sekunde berechnen kann. In den ersten Jahren des Bitcoin-Systems war der Schwierigkeitsgrad des kryptografischen Rätsels wesentlich geringer,

---

[103] Zuerst wird geprüft, ob der Block richtig aufgebaut wurde und ob die Referenzen im Block-Header korrekt sind. Für eine detaillierte Beschreibung der Block-Verifikation siehe [27].
[104] Auch Main Branch – die längste Kette, die von allen Nutzern als gültig verifiziert wurde.
[105] Side Branch entsteht bei einer Abzweigung der Kette (Fork).
[106] Orphan-Blöcke sind entweder die Blöcke, die keinen Vorgängerblock haben, oder die Blöcke aus der kürzeren Kette, die sich nicht durchgesetzt hat.
[107] NVIDIA GeForce GTX 1050 Ti mit dem Ethereum-Algorithmus [62].

4.1 Nachverfolgbarkeit, Fälschungssicherheit, Ausfallsicherheit

sodass jeder Bitcoin-Nutzer Bitcoins mit seinem Computer (auf der CPU[108] oder der GPU[109]) minen konnte. Im Wettbewerb um die Belohnung haben viele Bitcoin-Nutzer mit der Zeit ihre Hardware aufgerüstet (z. B. ASIC[110]-Mininghardware), was zu einer Steigerung der Rechenleistung des gesamten Netzwerks und auch des Schwierigkeitsgrades des Rechenrätsels geführt hat.

Die Hardware hat beim Berechnen des Rechenrätsels einen wesentlich höheren Energieverbrauch als sonst. Im Dezember 2017 waren Bitcoin-Miner mit einer Energieeffizienz zwischen 0,29 J/GH[111] und 0,098 J/GH und einer Leistung zwischen 3,5 TH/s[112] und 13,5 TH/s auf dem Markt zu finden. Diese verbrauchen ca. 1.200 Watt. Die Hashrate[113] des Bitcoinnetzwerks betrug in der Zeit ca. 12.337.091 TH/s [35]. Es sind also ungefähr 49 GWh, die das Bitcoinnetzwerk in der Zeit an einem Tag verbrauchte. Zum Vergleich: Ein durchschnittlicher deutscher Haushalt mit vier Personen verbraucht 4.000 kWh Strom im Jahr. Somit könnten mit dem Strom, den das Bitcoinnetzwerk an einem Tag benötigt, etwa 12.250 Haushalte für ein Jahr versorgt werden. Die Einschätzung des Energieverbrauchs des Bitcoinnetzwerks geht bei vielen Quellen auseinander. Zum Bespiel lagen im September 2017 Angaben bei Digiconomist bei ca. 19 TWh im Jahr und in einem wissenschaftlichen Paper von Mishra[114] (University of Texas at Dallas) bei 5 GWh. Heute müssen Miner, um erfolgreich am Wettlauf teilnehmen zu können, über spezielle Hard- und Software verfügen oder sich am Cloud-Mining beteiligen. Viele Miner schließen sich in so genannten Mining-Pools zusammen, um ihre Rechenkapazität zu bündeln. Dabei geht die Aufrüstung der Mining-Hardware weiter, was weiterhin zu einem steigenden Stromverbrauch führt.

Ein möglicher Angreifer müsste (wie jeder andere Nutzer) die Aufgabe mit dem gleichen Schwierigkeitsgrad lösen und ebenfalls die „Verluste" an aufgewendeten Energieressourcen ertragen, um einen gültigen Block zu erstellen.

Um einen der Blöcke, der bereits in die Blockchain aufgenommen wurde, zu fälschen, müsste ein Angreifer alle weiteren Blöcke ebenfalls umrechnen. Da jede kleine Änderung in einem Block zu einem neuen Hash führt, würden die Referenzen in den Blöcken nicht mehr stimmen. Für eine erfolgreiche Manipulation des Blockinhaltes müsste der Angreifer über 51 Prozent der Rechenleistung des gesamten Bitcoinnetzes verfügen.

---

[108] CPU (Central Processing Unit) – zentrale Rechen- und Steuereinheit eines Computers.
[109] GPU (Graphics Processing Unit) – Grafikprozessor eines Computers.
[110] Application Specific Integrated Circuits.
[111] Joule pro Gigahash.
[112] Terahashes pro Sekunde.
[113] Hashrate oder Rechenleistung – wie viele Hashing-Operationen in einer Sekunde durchgeführt werden können.
[114] Mishra, Sailendra Prasanna. Bitcoin Mining And Its Cost. 2017.

4.1.4 Neue Blockchains und Alternativen

Da Bitcoin, Ethereum und viele weitere Blockchain-Projekte Open-Source-Projekte sind, stehen Systeme mit unterschiedlichen technischen Parametern für die Duplizierung und Modifikation zur Verfügung. In diesem Fall ist der bereits zuvor angesprochene Begriff „Fork" von Bedeutung. Denn jegliche Modifikation eines bestehenden Blockchain-Systems (Blockchain-Protokolls), die zu Änderungen in festgelegten Regeln und Parametern (z. B. Blockzeit, Blockgröße usw.) führt, wird als Fork bezeichnet (z. B. Bitcoin Fork). Die Blockchain verzweigt sich dann; die daraus entstehenden beiden Zweige haben bis zur Verzweigungsstelle den gleichen ersten Block (Genesis-Block) und die gleichen Vorgänger-Blöcke.

Blockchain-Forking kennt zwei Arten: die Hard und Soft Fork. Bei der Hard Fork müssen die Änderungen in der Software von allen Nutzern akzeptiert werden (etwa eine Änderung in der Architektur der Blockchain: Blockgröße von 1 MB auf 2 MB erhöhen). Es sind bereits mehrere Hard Forks an der Ethereum-Blockchain durchgeführt worden. Die erste fand am 20. Juli 2016 statt, da einen Monat zuvor durch einen Angreifer, der einen Fehler im The DAO-Framework[115] gefunden hatte, 3,6 Millionen Ether (65 Millionen Euro) entwendet wurden. Die Ethereum-Entwickler spürten den Fehler auf und entschieden sich für ein Hard Fork, um die entwendeten Ether wiederzubekommen. Ein Soft Fork betrifft Änderungen in der Blockchain, etwa neue oder aktualisierte Funktionalitäten, die nur von der Mehrheit der Miner sowie von den Nutzern, die sie verwenden möchten, angenommen werden müssen. Eine Soft Fork ist im Gegensatz zur Hard Fork rückwärtskompatibel.

So entstehen viele neue Applikationen mit angepassten Parametern oder neuen Funktionalitäten, die z. B. die Bitcoin-Blockchain verwenden. Dabei stellt sich die Frage, inwieweit das noch eine Blockchain ist. Dürfen wir nur die Bitcoin-Blockchain mit ihren Parametern und Zielen Blockchain nennen, oder geht es bei dem Begriff nur um eine kryptografisch referenzierte Blockkette? Auch der Hype um das Thema Blockchain spielt eine große Rolle, da zahlreiche technische Konzepte und Projekte, die bereits vor der Blockchain-Technologie existiert haben und wenig mit ihrer Innovation zu tun haben, sich unter dem Namen „Blockchain" gut verkaufen.

Um herauszufinden, welchen Mehrwert und welche Herausforderungen – im Vergleich zu bestehenden technologischen Konzepten – uns die Blockchain-Technologie nun bringt, spielt die Begriffsbestimmung eine große Rolle. Wie zum Beispiel beim nächsten Versuch, die Blockchain-Technologie an bestimmte Bedürfnisse anzupassen, nämlich die Private Blockchain und/oder Permissioned Blockchain.

Dabei gehen wir weg von den Ursprungsgedanken und -Zielen der Bitcoin- und Ethereum-Blockchain und kehren zurück zur Einschränkung der Nutzer-Berechtigungen.

---

[115] The DAO – auf Ethereum-Blockchain realisierte dezentrale autonome Organisation (Decentralized Autonomous Organization). Mehr dazu im Abschn. 5.1.2.

4.1 Nachverfolgbarkeit, Fälschungssicherheit, Ausfallsicherheit

Dadurch bleibt das Blockchain-System nicht mehr vollständig dezentral, sondern wird nur auf vorbestimmte Nutzer beschränkt.[116] Die Begrifflichkeiten der s. g. „Blockchain-Typen" sind ebenso wenig eindeutig definiert, wie der Begriff Blockchain selbst. Eine Kombination der folgenden Nutzungseinschränkungen spielt dabei eine Rolle:

- Leseberechtigung – wer darf die Blockchain-Inhalte sehen,
- Schreibberechtigung – wer darf Transaktionen erstellen,
- Konsensberechtigung – wer darf die Blockchain fortschreiben (Transaktionen in einen Block zusammenfassen und den Block der Kette zufügen).

Die Einschränkungen bedeuten, dass Nutzer sich authentifizieren und autorisieren müssen, um das System nutzen zu können [12]. In einer Private Blockchain, auch Private Permissioned Blockchain genannt, sind die Lese- und Schreibberechtigungen auf eine Gruppe von Nutzern beschränkt (z. B. im Bereich eines Unternehmens oder auf mehrere Unternehmen verteilt). Dabei geht die Transparenz der Blockchain-Historie verloren. Die Berechtigung, die Blockchain fortzuschreiben, ist ebenfalls nur für vordefinierte Nutzer gegeben. In den Private Blockchains sind Änderungen am System einfacher und schneller durchführbar. Die Nutzer, die die Blockchain fortschreiben und verifizieren können, sind bekannt. Das Risiko eines 51-Prozent-Angriffs besteht, wenn auch modifiziert, trotzdem weiter. Denn die Nutzer, die für die Fortschreibung der Blockchain und die Teilnahme am Konsensfindungsprozess vorausgewählt wurden, können von möglichen Angreifern manipuliert werden.

Wenn ausschließlich die Konsensberechtigung auf eine Gruppe von Nutzern beschränkt ist und jeder beliebige Nutzer einen Lesezugriff hat, spricht man von einer Consortium Blockchain oder Public Permissioned Blockchain. Eine Schreibberechtigung kann dabei entweder allen Nutzern oder nur einer bestimmten Gruppe gegeben werden.

Beim Bitcoin- oder Ethereum-System spricht man von einer Public Blockchain oder auch Public Permissionless Blockchain, also eine ursprüngliche Blockchain ohne Einschränkungen in den Nutzungsbedingungen (Abb. 4.8).

Sowohl Private als auch Consortium Blockchain haben jeweils eigene Vorteile und Nachteile, die sich in bestimmten Einsatzbereichen stärker oder schwächer ausprägen. Die Intention, die Nutzungsbedingungen einzuschränken und dabei das System auf vorbestimmte Nutzer zu zentralisieren, liegt darin, das System effizienter zu machen. Die Dezentralität des Systems kommt dann erst an zweiter Stelle. Dabei wird oft vergessen, dass das ursprüngliche Ziel der ersten Blockchain-Projekte, z. B. Bitcoin, ein dezentrales und sicheres elektronisches Zahlungssystem war und keine Absicht bestand, in Sachen Transaktionsdurchsatz einen Wettbewerber zu solch effizienten Zahlungssystemen wie Visa oder PayPal zu erschaffen.

---

[116] Oft wird in den Medien anstelle von Private oder Permissioned Blockchain der Begriff Distributed Ledger Technology (DLT) benutzt.

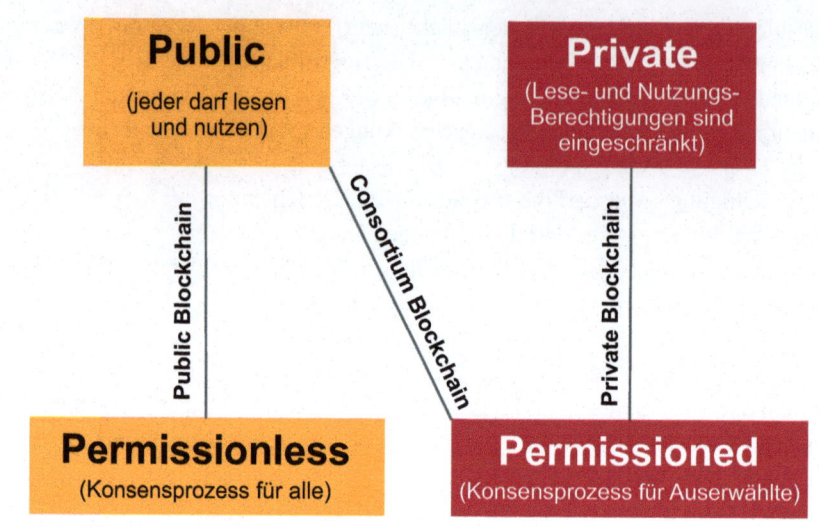

Abb. 4.8 Public und Private Blockchain

Daher ist ein Blockchain-basiertes System in seiner „Ursprungsform" (Public Permissionless Blockchain) dann sinnvoll, wenn es um ein System geht, in dem zahlreiche Nutzer, die sich nicht kennen und einander nicht vertrauen miteinander interagieren möchten. Dabei besteht auch kein Vertrauen in eine zentrale Instanz oder in jegliche Art von Mittelsmännern. Andernfalls ist oft eine normale Datenbank der geeignetere Weg [12].

4.2 Herausforderungen der Blockchain-Technologie

Nachdem wir uns die technischen Grundlagen der Blockchain-Technologie angeschaut haben, die bereits bestehende technische Ansätze (siehe Kap. 3) in einer innovativen Form zusammensetzt (siehe Abschn. 4.1), möchten wir nun einen Blick auf ihre Herausforderungen werfen.

4.2.1 Mögliche Angriffe

Mit der Auflösung der zentralen Instanz, des vertrauenswürdigen Dritten, entsteht das Problem des fehlenden Vertrauens zwischen den Nutzern. Dieses wird in dezentralen Systemen mithilfe von diversen Methoden gelöst, z. B. durch

- eine eindeutige Identifizierung des Nutzers (z. B. Video-Ident-Verfahren, Voraussetzung ist dabei die Offenlegung der eigenen Identität),
- Vertrauensnetzwerke (Voraussetzung: gegenseitige Vertrauensbasis mit mindestens einem der Nutzer im System),

4.2 Herausforderungen der Blockchain-Technologie

- gegenseitige Bewertung der Nutzer (Voraussetzung: Mehrheit der Nutzer muss „ehrlich" sein),
- spieltheoretische Ansätze (Voraussetzung/Annahme: das Verhalten der Nutzer ist vollständig durch das zugrunde liegende Spiel bzw. dessen Regeln bestimmt, die ausschließlich auf den Gewinn ausgerichtet sind [4]).

Es ist wichtig, eine Balance zwischen Sicherheit und Nutzbarkeit (ob die Nutzung des Dienstes mit bestimmten Bedingungen verknüpft ist) herzustellen. Wenn die Nutzung eines dezentralen Systems nicht an Bedingungen geknüpft ist, dann erhöht sich die Wahrscheinlichkeit des Sybil-Angriffes. Der Name dieser Angriffsmethode wurde nach der Hauptperson eines Buchs[117] von Flora Rheta Schreiber benannt. Beschrieben wird Sybil, eine Frau mit multipler Persönlichkeitsstörung. Ähnlich zu dem Fall im Buch erstellt der Angreifer in einem dezentralen System viele falsche „Identitäten" (Knoten, Server), um die Kommunikation im System zu manipulieren oder zu stören [30]. In dem Fall ist es wichtig, dass die ehrlichen Nutzer in der Mehrheit sind.

In einem Blockchain-basierten System können Angreifer grundsätzlich nur ausgewählte Blöcke und Transaktionen weiterleiten und dadurch weitere Nutzer vom Netzwerk abkapseln. Das Bitcoin-System versucht, diese Art des Angriffs durch die Einschränkung ausgehender Verbindungen zu verhindern (siehe Abschn. 3.2).

Wie bereits angedeutet, setzt die Blockchain-Technologie darauf, dass in einem System ohne Teilnahmebedingungen[118] die Mehrheit der Ressourcen[119] in den Händen der ehrlichen Nutzer ist und nicht, dass die Mehrheit der Nutzer ehrlich ist. Das bedeutet, dass ein böswilliger Nutzer mittels des Sybil-Angriffs den Konsens nicht beeinflussen kann, solange er nicht über die Mehrheit der Ressourcen verfügt.

Wenn ein Angreifer in einem auf PoW basierenden Blockchain-System über mehr als 50 Prozent der gesamten Rechenkapazität des Systems[120] verfügt, sind ihm folgende Manipulationen der Blockchain möglich:

- das Mining neuer Blöcke monopolisieren und die Belohnungen für sich selbst behalten,
- eine eigene Blockchain, die längste Kette, durchsetzen,
- in die Blöcke nur eigene Transaktionen aufnehmen oder die Transaktionen bestimmter Nutzer blockieren (nicht in die Blöcke aufnehmen),
- doppelte Ausgaben[121] (double spending) durchführen. Bei der Blockgenerierung muss der Miner prüfen, ob die Werte bereits vom Nutzer in früheren Transaktionen „ausgegeben" wurden (also ob er auch wirklich der aktuelle Besitzer ist). Der Angreifer kann

---

[117]„Sybil" – Flora Rheta Schreiber, 1973.
[118]Böswillige Nutzer können viele falsche Identitäten erzeugen.
[119]Rechenleistung bei PoW, „Konto-Guthaben" bei PoS.
[120]Mehr Rechenkapazität als alle andere Nutzer zusammen.
[121]Mehr zu dem Thema finden Sie im [11].

diese Regel bei der Blockerstellung ignorieren und bereits von ihm ausgegebene Werte mehrfach nutzen.

Diese Vorgehensweise ist auch als `51-Prozent-Angriff` bekannt. Um frühere Blöcke zu ändern, muss der Angreifer von dem zu verändernden Block an die ganze Kette (Blockchain) neu berechnen, also alle zurückliegenden Blöcke bis zum ersten Block neu generieren. In diesem Fall kann der Angreifer nur die Reihenfolge der Transaktionen in der Kette verändern oder diese aus der Kette herausnehmen [2].

Leichtgewichtige Nutzer (lightweight nodes) haben keine vollständige Blockchain und können keine vollständige Verifikation der Transaktionsinhalte gewährleisten. Diese müssen also dem Miner vertrauen und sind deswegen nicht so sicher wie vollständige Nutzer (full nodes) [29]. Beide Konzepte, PoW und PoS, sind somit durch den 51-Prozent-Angriff gefährdet.

Ein derartiger Angriff kann im Bitcoin-System sehr viel Geld verschlingen. Laut BTCECHO könnte eine solche Attacke den Angreifer rund 375,2 Millionen Euro pro Tag kosten [37]. Gewinnorientierte Angreifer bevorzugen also sicher eine günstigere Alternative.

Im Bitcoin-System haben Mining-Pools den größten Anteil an der Gesamtrechenkapazität (siehe [36]).

Im Juli 2014 erreichte der Mining-Pool Ghash.io mehr als 50 Prozent der Rechenkapazität des gesamten Bitcoin-Netzwerkes. Die Bitcoin-Community reagierte darauf und führte bestimmte Einschränkungen ein. Derzeit gilt eine Absprache zwischen den Mining-Pools, die Grenze von 39,99 Prozent nicht zu überschreiten. Zusätzlich wurde ein Aufsichtskomitee eingerichtet, um die Rechenkapazität der Mining-Pools zu überwachen. Es besteht aus Vertretern der Mining-Pools, Vertretern von Bitcoin-Unternehmen und weiteren Spezialisten aus diesem Bereich [71].

Trotzdem besteht durchaus die Möglichkeit, einen Angriff auch mit weniger Rechenkapazität als 50 Prozent des gesamten Netzwerks durchzuführen. Die Erfolgsrate dabei ist allerdings entsprechend gering [11].

In keinem Fall kann ein Angreifer mittels des 51-Prozent-Angriffes neue Werte generieren (z. B. Bitcoins, nur durch Belohnung) oder Werte aus Transaktionen anderer Nutzer auf sich umleiten. Dies ist nur möglich, falls der Angreifer über den geheimen Schlüssel[122] der jeweiligen Nutzer (der entsprechenden Nutzer-Adressen[123]) verfügt [2]. Angreifer können mit wenig Anstrengung und mit Standardwerkzeugen den geheimen Schlüssel eines Nutzers ausspähen, wenn dieser nicht genügend geschützt ist. Aus diesem Grund wird z. B. den Bitcoin-Nutzern empfohlen, keine Online-Dienste zu nutzen, welche Online-Wallets anbieten. In letzter Zeit litten diese unter Sicherheitslücken, die es den Angreifern ermöglichen, die Bitcoins der Nutzer zu entwenden [21].

---

[122] Private Keys.
[123] Siehe Abschn. 3.1.2.

4.2 Herausforderungen der Blockchain-Technologie

Mehr Sicherheit für die Aufbewahrung der geheimen Schlüssel versprechen Anwendungen, die lokal auf dem Rechner des Nutzers installiert werden. Viele davon bieten eine Verschlüsselung der Wallet und regelmäßige Backups. Eine Zwei-Faktor-Authentifizierung macht die Aufbewahrung der geheimen Schlüssel noch sicherer. Dabei wird die Identität des Nutzers durch den Nachweis zweier Komponenten geprüft – zum Beispiel eine Kombination aus Hardware-Wallet und PIN oder Passwort. Dabei werden die geheimen Schlüssel auf einem externen Datenträger gespeichert, der eine PIN oder ein Passwort für die Entsperrung braucht und der immun gegen Viren ist. Der geheime Schlüssel verlässt das Speichermedium nicht. Die Transaktionen werden innerhalb des Datenträgers abgewickelt. Mittels des entsprechenden geheimen Schlüssels werden die Transaktionen signiert. Die signierten Transaktionen werden im Anschluss an die Anwendung auf dem Nutzer-Rechner übergeben [25].

Anders als geheime Schlüssel werden öffentliche Schlüssel für die Adressengenerierung benutzt („Pay to Public Key Hash Address" oder „Pay-to-Script-Hash" – siehe Abschn. 3.1.2). Die Adressen, die z. B. im Bitcoin-System für jede neue Transaktion speziell generiert werden, können trotz des Einsatzes des TOR-Netzwerkes mit den Endnutzern in Verbindung gebracht werden. In der wissenschaftlichen Arbeit von Biryukov und Pustogarov aus dem Jahr 2014 [3] wurde eine solche Methode zur Deanonymisierung der Bitcoin-Nutzer beschrieben. Dabei wurden die Bitcoin-Adressen und die IP-Adressen der Absender verknüpft. Die Methode funktioniert auch, wenn die Nutzer eine Firewall haben oder das TOR-Netzwerk nutzen. Aufgrund dieser Informationen wurden in weiteren Bitcoin-Versionen Änderungen vorgenommen [9]. Mixing-Services (siehe Abschn. 3.2.1) bieten zwar mehr Anonymität, setzen aber Vertrauen in die Anbieter solcher Dienste voraus.

Zu beachten ist: Die IP-Adressen vieler vollständiger Nutzer (full nodes) sind öffentlich, was natürlich eine Zuordnung der getätigten Transaktionen zu dem Nutzer erleichtert. Mit der öffentlichen IP-Adresse eines vollständigen Nutzers kann ein Angreifer eine weitere Angriffsmöglichkeit nutzen und zwar DoS[124]-Angriffe. Dabei wird eine gezielte Überlastung eines Netzwerkknotens, z. B. eines vollständigen Nutzers (full node) durchgeführt. Danach kann dieser seinen Dienst nicht mehr wie beabsichtigt zur Verfügung stellen. Die Überlastung kann durch das Versenden einer immensen Zahl von Nachrichten an das Opfer stattfinden, wodurch so viele Ressourcen gebunden werden, dass das Opfer überlastet wird und seine eigentliche Arbeit nicht mehr ausführen kann.

Dagegen setzt Bitcoin eine reputationsbasierte Regel ein: Jeder Nutzer, der eine fehlerhafte oder manipulierte Nachricht versendet, erhält dafür Strafpunkte. Wenn deren Anzahl 100 erreicht, wird diese IP-Adresse für 24 Stunden gesperrt [3]. Da der Angriff von mehreren IP-Adressen, z. B. von einem Botnet, ausgehen kann, stellt Bitcoin weitere Regeln gegen DoS-Angriffe auf. Dazu gehören zum Beispiel:

---

[124]Denial-of-Service.

- Orphan-Transaktionen und -Blöcke nicht an andere Nutzer weiterleiten,
- Transaktionen, deren Inhalt (Bitcoins) bereits aufgebraucht ist, nicht weiterleiten (double-spend transactions),
- eine bereits an einen Nutzer versendete Nachricht (Transaktion, Block, Adresse eines weiteren Nutzers) darf nicht doppelt versendet werden,
- die Blockgröße darf 1 MB nicht überschreiten.

Eine weitere Regel sichert das Bitcoin-System gegen Spam-Transaktionen oder sogenannten Flood-Angriffe. Dabei erstellt der Angreifer mehrere Transaktionen an sich selbst. Dies geschieht mit dem Ziel, dass ein neuer Block nur mit seinen eigenen Transaktionen gefüllt wird und die Aufnahme der Transaktionen von anderen Nutzern verzögert wird. Dabei setzt er keine Transaktionsgebühren ein. Das Bitcoin-System erlaubt allerdings nur fünf Prozent gebührenfreie Transaktionen im Block. Das heißt, dass ein Angriff nur dann möglich ist, wenn der Angreifer bereit ist, seine Bitcoins dafür zu verschwenden [29].

Die Intention, neue Blockchain-Systeme zu entwickeln und diese für neuartige Einsätze zu konzipieren, führt zu immer weiteren Änderungen und Anpassungen des ursprünglichen Bitcoin-Codes, was zu Sicherheitslücken und weiteren Angriffsmöglichkeiten führen kann. Zum Beispiel stellen Smart Contracts autonome Programme dar, die von den Nutzern konzipiert und auf ihren Rechnern ausgeführt werden können. Diese können z. B. durch Programmfehler Sicherheitsschwachstellen aufweisen (mehr zu dem Thema finden Sie im Artikel [7]). Im Jahr 2016 haben Wissenschaftler der National University of Singapore in ihrer wissenschaftlicher Arbeit „Making Smart Contracts Smarter" beschrieben, dass ca. 45 Prozent der Ethereum Smart Contracts bestimmte[125] Fehler enthalten und somit Sicherheitslücken aufweisen können.

Der Quellcode vieler Blockchain-basierter Systeme ist öffentlich und wird von zahlreichen IT-Experten auf Schwachstellen analysiert und kontinuierlich verbessert. In den vergangenen Jahren wurden im Bitcoin-System keine schwerwiegenden sicherheitsrelevanten Schwachstellen mehr gefunden [23, 29]. Dennoch wurden und werden weiterhin viele Änderungen vorgenommen, um das Bitcoin-System gegen Angriffe zu schützen. Die eingesetzten kryptografischen Algorithmen in den meisten Blockchain-basierten Systemen (Bitcoin, Ethereum usw.) gehören zurzeit mit zu den besten. Natürlich besteht die Gefahr, dass diese in Zukunft manipuliert werden können [57]. Die Entwickler versprechen jedoch, auf bessere Algorithmen umzuschalten, wenn die Gefahr real wird [29].

---

[125]In dem Artikel untersuchte Fehler [8].

4.2.2 Skalierbarkeit

Die Fähigkeit zu skalieren gehört zu den wichtigsten Eigenschaften dezentraler Netzwerke. Sie bemisst sich darin, wie die Leistung bei der Größenveränderung des Systems variiert und ob das System verlustfrei wachsen kann.

Mit der steigenden Popularität der Blockchain-Technologie schließen sich immer mehr neue Nutzer solchen Systemen wie Bitcoin oder Ethereum an. Neue Nutzer bedeuten ein größeres Transaktionsaufkommen für das System. Im Jahr 2016 wurden beispielsweise bei Ethereum ca. 40.000 und bei Bitcoin ca. 236.000 Transaktionen pro Tag in die Blockchain aufgenommen und am Anfang 2020 waren es bereits 600.000 bei Ethereum und 320.000 bei Bitcoin (Abb. 4.9 und 4.10) [34, 41]. Dabei kann das Bitcoin-System aktuell bis zu 7 und Ethereum bis zu 20 Transaktionen pro Sekunde verarbeiten.

Im Abschn. 4.1.4 haben wir angedeutet, dass nicht jedes System, das Blockchain im Namen trägt, tatsächlich auf der Blockchain-Technologie basiert. Beim Versuch die Blockchain-Technologie an die eigenen Bedürfnisse anzupassen und diese „effizienter" zu gestalten, geht entweder die Dezentralität oder die Sicherheit des Systems verloren. Man spricht dabei vom so genannten Skalierbarkeitstrilemma (Abb. 4.11).[126]

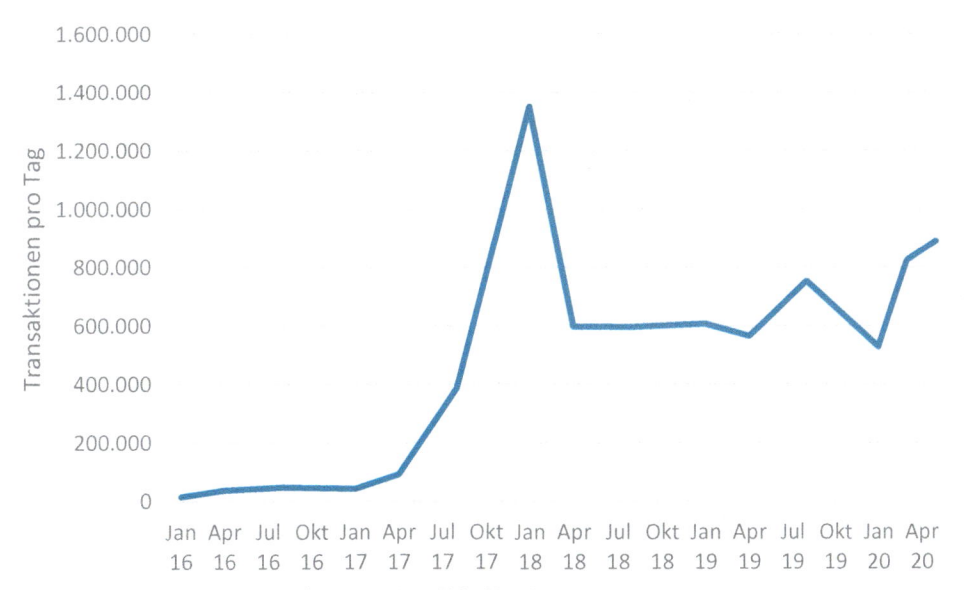

Abb. 4.9 Ethereum: Transaktionen pro Tag [32, 41, 42]

---

[126]Der Begriff stammt ursprünglich vom Vitalik Buterin, Mitbegründer von Ethereum.

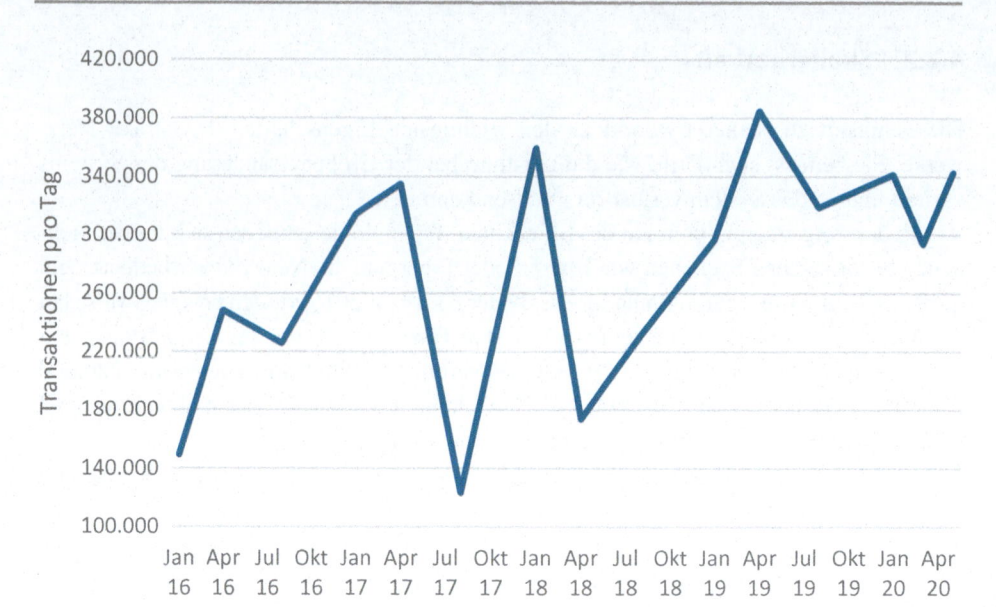

Abb. 4.10 Bitcoin: Transaktionen pro Tag [31, 34]

Abb. 4.11 Skalierbarkeitstrilemma

Wenn wir z. B. nur wenige vollständige Nutzer (full nodes) in unserem System haben und der Rest des Systems aus leichtgewichtigen Nutzer[127] (lightweight nodes) besteht, riskiert man durch die mögliche Zentralisierung des Systems auch einen Sicherheitsverlust.[128]

Ein Blockchain-basiertes System (PoW-basierte Public Blockchain) kann daher in puncto Effizienz mit einer vergleichbaren zentralisierten Lösung, wie z. B. Hyperledger

---

[127] Leichtgewichtige Nutzer speichern nur die Block-Header und die Informationen, die ihre Transaktionen betreffen. Da die leichtgewichtigen Nutzer über keine Block-Inhalte (Transaktionen) verfügen, müssen sie den vollständigen Nutzern vertrauen, dass die Blöcke und Transaktionen regelkonform erstellt worden sind und keine doppelten Ausgaben enthalten.

[128] Die wenigen vollständigen Nutzer könnten sich abstimmen, das System z. B. durch doppelte Ausgaben zu manipulieren.

4.2 Herausforderungen der Blockchain-Technologie

Fabric[129] oder Ripple[130] (nutzen eine Permissioned Blockchain) mit ihren Tausenden von Transaktionen pro Sekunde [12] nicht konkurrieren. Das liegt nicht daran, dass die Blockchain-Technologie noch neu und unoptimiert ist, sondern ist in ihrer Natur selbst begründet [12]. Public-Permissionless-Blockchain-Projekte wie Bitcoin und Ethereum[131] nutzen Proof-of-Work, um ein robustes und sicheres dezentrales System zu gewährleisten.[132]

Der Schwierigkeitsgrad einer Proof-of-Work-Aufgabe hängt von Parametern wie der Blockzeit ab und wird entsprechend so angepasst, dass für die Erstellung eines Blocks immer die vorbestimmte Zeit benötigt wird. Im Bitcoin-System sind es 10 Minuten und im Ethereum-System zwischen 12 und 15 Sekunden [54]. Wenn die Rechenleistung des gesamten Netzes steigt oder sinkt und sich die Blockerstellungszeit ändert, wird der Schwierigkeitsgrad entsprechend erhöht oder gesenkt.

Wenn die Blockzeit reduziert wird, um die Produktivität[133] des Systems, genauer gesagt den Transaktionsdurchsatz, zu erhöhen, wird damit die Sicherheit des Systems gefährdet. Generell bedeutet kürzere Blockzeit eine höhere Forkrate, was wiederum eine höhere Anzahl von Bestätigungen erfordert (im Bitcoin-System gilt eine Transaktion erst nach 6 Blöcken als bestätigt). Eine höhere Forkrate bedeutet auch, dass mehr Arbeit verschwendet wird [6, 12]. Ethereum löst das Problem der kürzeren Blockzeit (zwischen 12 und 15 Sekunden) mithilfe des modifizierten GHOST-Protokolls [13, 51], bei dem die Orphan-Blöcke[134] in die Berechnung der „längsten Kette" einbezogen und die Miner dieser Blöcke entlohnt werden.

---

[129]Hyperledger ist ein Open-Source-Konsortium, das im Dezember 2015 von der Linux Foundation gegründet wurde, um branchenübergreifende Blockchain-Anwendungen voranzubringen. Im Jahr 2017 zählte es ca. 170 Mitglieder. Es handelt sich um eine weltweite Zusammenarbeit führender Unternehmen aus den Bereichen Finanzen, Banken, Internet der Dinge, Lieferketten, Fertigung und Technologie mit über 400 Programmierern. Das Konsortium Hyperledger zählt zu den am schnellsten wachsenden Kooperationsprojekten der Linux Foundation. Hyperledger unterstützt mehrere Projekte in unterschiedlichen Einsatzbereichen, um Interoperabilität der zahlreichen Blockchain-Businesslösungen zu gewährleisten. Zurzeit stellt das Konsortium fünf Open Source Blockchain Frameworks und vier Open Source Blockchain Tools mit Smart Contracts, Client-Bibliotheken, grafischen Schnittstellen und Beispielanwendungen zur Verfügung. Mithilfe dieser Frameworks und Tools können Unternehmen auf der Blockchain-Technologie basierende Applikationen und Services für Ihre Geschäftsfelder implementieren [59].

[130]Mehr zu dem Thema im Kap. 6.

[131]Ethereum-Entwickler arbeiten bereits seit Jahren an einer Proof-of-Stake-Lösung. Die erste Phase der Umstellung soll bereits im Jahr 2020 stattfinden.

[132]Dabei „stimmen" die Nutzer des Systems mit ihrer Rechenleistung für die Richtigkeit des Systems ab.

[133]Der Begriff Skalierbarkeit wird oft mit Produktivität verbunden. Wenn die Produktivität bei der Größenveränderung des Systems aufrechterhalten wird, gilt das System als skalierbar [5].

[134]Im Ethereum-Jargon „Uncles" genannt. Es werden „Uncles" nur bis zu 7. Generation betrachtet [51].

Die Blockgröße ist eine weitere Limitierung, die neben der Blockzeit den Transaktionsdurchsatz bestimmt und für die Sicherheit in einem Public Permissionless Blockchain-System sorgt. Im Bitcoin-System beträgt die Blockgröße 1 MB. Diese zu erhöhen würde bedeuten, dass die Blöcke längere Verbreitungs- und Bestätigungszeiten hätten, was wiederum zu einer erhöhten Forkrate und Double-Spending-Angriffen führen kann [51]. Daher muss z. B. bei Ethereum die Blockgröße entsprechend kleiner sein, um Blöcke innerhalb von 15 Sekunden schnell und sicher verbreiten zu können [12]. Die Blockgröße bei Ethereum ist im Gegensatz zu Bitcoin nicht festgelegt und basiert auf der Komplexität der Smart Contracts. Diese wird als gasLimit (siehe Abschn. 4.1.1) pro Transaktion bezeichnet. Die gasLimits der in einen Block aufgenommenen Transaktionen werden addiert und deren Summe bildet das gasLimit für den jeweiligen Block. Das maximale gasLimit für einen Block wird durch einen Algorithmus[135] und durch eine Abstimmung der Miner festgelegt [52]. Miner dürfen das maximale gasLimit für einen Block um 0,0975 Prozent des gasLimit des vorherigen Blockes ändern [52]. So kann die maximale Blockgröße bei Ethereum von Block zu Block leicht variieren [33]. Im Mai 2020 betrug die Blockgröße im Ethereum-System ca. 27 kB [40].

Seit Langem wird in der Bitcoin-Community darüber diskutiert, ob die Blockgröße bei 1 MB bleiben oder auf 2 MB erhöht werden soll. Solch grundlegende Änderungen im Protokoll, wie z. B. Blockgröße oder Blockzeit, bedürfen einer Hard Fork. Da eine Hard Fork von allen Minern und allen Nutzern akzeptiert werden muss, werden die Nutzer, die diese Änderungen nicht akzeptieren und nicht aktualisieren, von dem System „abgespalten". Weder die Bitcoin-Entwickler noch die Miner können die Nutzer zwingen, die neuen Änderungen anzunehmen, die gegen die bestehenden Systemregeln verstoßen – das liegt am Design des Systems. Das heißt, dass die Entwickler nur darauf hoffen können, dass die neuen Änderungen von vielen Minern und Nutzern angenommen werden [68].

Durch eine solche Abspaltung entstand am 1. August 2017 eine neue Kryptowährung namens Bitcoin Cash (BCH), die 8 MB große Blöcke einführte und das Bitcoin-System spaltete. Eine weitere Gruppe der Bitcoin-Community entschied sich für einen anderen Weg, das Problem der Blockgröße zu lösen. Am 24. August desselben Jahres wurden durch eine Soft Fork im Rahmen des BIP 141[136] [50] eine Reihe von Neuerungen für eine bessere Skalierbarkeit unter dem Namen „Segregated Witness" kurz `SegWit` im Bitcoin-System eingeführt. Der Vorteil gegenüber der Hard Fork ist, dass die Nutzer, nachdem die Miner die Änderungen angenommen haben, jederzeit aktualisiert werden können. Das bedeutet, dass die Miner und die Nutzer, die vorerst die neuen Funktionalitäten nicht aktualisiert haben, weiterhin zum selben System gehören wie die aktualisierten Nutzer. Sie sehen nur einen „zusätzlichen Text", den sie nicht verstehen, der sie aber nicht stört, da er keine Änderungen in den grundlegenden Regeln bedeutet [66–68].

---

[135] Ethereum-Yellow-Paper [16, 39].

[136] Bitcoin Improvement Proposal (BIP) ist ein Design-Dokument zur Einführung von Funktionen oder Informationen in Bitcoin [22].

4.2 Herausforderungen der Blockchain-Technologie

Der Schwerpunkt von BIP 141 bildet eine neue Datenstruktur namens `Witness`. Darin wird ein Teil der Transaktion „verschoben" und zwar die Signatur, die sonst bis zu 70 Prozent einer Transaktion ausmacht.

Schauen wir an dieser Stelle auf die zuvor beschriebenen technischen Grundlagen zurück und erinnern uns an den „Aufbau" der Bitcoin-Transaktion (siehe Abschn. 4.1.1). Demzufolge besteht eine Bitcoin-Transaktion aus einem oder mehreren Inputs und Outputs. Im Input haben wir einen Bitcoin-Wert (Hash einer früheren Transaktion, auch Transaction-ID genannt und einen entsprechenden Output-Index) und dessen entsperrenden Mechanismus (ScriptSig). Im Output wird angegeben:

- welcher Anteil von dem Wert übermittelt werden soll und
- ein sperrender Mechanismus mit einer Reihe von Anweisungen. Die Anweisungen beschreiben, wie der Besitzer der jeweiligen Empfängeradresse Zugriff auf den Wert erlangen kann (ScriptPubKey).

So bleibt „Witness" immer noch ein Teil der Transaktion (siehe Abb. 4.12), wird aber nicht in der Transaction-ID mitgehasht. Daher denken Nutzer,[137] die SegWit noch nicht implementiert haben, dass die SegWit-Transaktionen keine Signatur haben (im ScriptSig) und keine erfordern (im ScriptPubKey). Die aktualisierten Nutzer verstehen die Anweisungen im ScriptPubKey und wissen, dass die notwendige Signatur sich im „Witness-Bereich" befindet. Da sowohl aktualisierte als auch nicht aktualisierte Nutzer dieselbe Transaction-ID sehen, sind sie mit Struktur und Aufbau der Transaktion einverstanden. Für eine höhere Sicherheit fügen die Miner, die SegWit implementiert haben, einen Merkle-Root[138] der „Witness-Signaturen" dem Input der Coinbase-Transaktion[139] hinzu [66].

Sie fragen sich nun vielleicht, inwiefern ein SegWit-Update das Skalierbarkeitsproblem des Bitcoin-Systems löst und konkret, wie sich die Größe der Transaktion minimiert, wenn „Witness" weiterhin ein Teil der Transaktion bleibt. Das Blockgröße-Limit im Bitcoin-System bleibt nach dem SegWit-Update unverändert und zwar 1 MB. An die Stelle der Blockgröße rückt das „Blockgewicht", so kann der Block zwischen 2 und 4 MB „schwer" sein. Das heißt die aktualisierten vollständigen Nutzer benötigen mehr Zeit als früher,

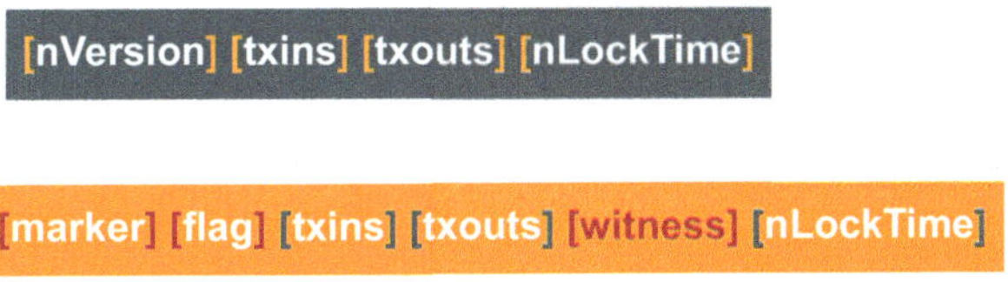

[nVersion] [txins] [txouts] [nLockTime]

[nVersion] [marker] [flag] [txins] [txouts] [witness] [nLockTime]

Abb. 4.12 Allgemeines Format einer Bitcoin-Transaktion vor BIP141 und danach [24, 50]

---

[137] Vollständige Nutzer inkl. Miner.
[138] Siehe Abschn. 4.1.3.
[139] Die erste Transaktion im Block, die die Mining-Belohnung ausschüttet (siehe Abschn. 4.1.3).

um einen Block zu verifizieren. So wird die Verbreitungszeit des Blockes im System entsprechend länger. Die SegWit-Unterstützer betrachten die zusätzliche Verifikationszeit und die damit verbundene längere Verbreitungszeit eines Blockes für einzelne Knoten (vollständige Nutzer) als gering und dass diese innerhalb der Grenzen dessen liegt, was das Netzwerk derzeit bewältigen kann [68]. Die Debatte über die „effiziente" Blockgröße geht also weiter und weitere Experten der Bitcoin-Community sind der Meinung, dass die 2 bis 4 MB großen Blöcke immer noch nicht ausreichen, um den gewünschten Transaktionsdurchsatz zu erzielen und das Bitcoin-System konkurrenzfähig gegenüber den zentralisierten Lösungen zu machen.

Auf der anderen Seite bereitet SegWit den Weg für neue Möglichkeiten, die in naher Zukunft die Flexibilität, Sicherheit und Skalierbarkeit des Bitcoin-Systems verbessern können, wie z. B. Version Bytes, Merkelized Abstract Syntax Trees (MAST), Schnorr Cryptographic Signature Algorithm, Lightning Network und Vieles mehr.

Ein so genanntes Version Byte kodiert den Typ des Entsperr-Mechanismus („ScriptSig-Typ").[140] Im Witness-Bereich ist Folgendes zu finden:

- Pay-to-Witness-Public-Key-Hash (P2WPKH):[141] Signatur und dazu passender öffentlicher Schlüssel (Abb. 4.13),
- Pay-to-Witness-Script-Hash (P2WSH):[142] Skript und die dafür notwendigen Daten (öffentliche Schlüssel und Signaturen) (Abb. 4.14).

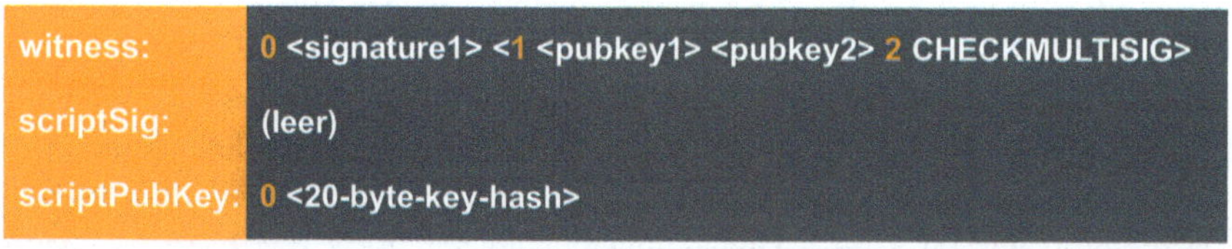

witness:	0 <signature1> <1 <pubkey1> <pubkey2> 2 CHECKMULTISIG>
scriptSig:	(leer)
scriptPubKey:	0 <20-byte-key-hash>

Abb. 4.13 Pay-to-Witness-Public-Key-Hash – BIP141 [24, 50]

witness:	0 <signature1> <1 <pubkey1> <pubkey2> 2 CHECKMULTISIG>
scriptSig:	(leer)
scriptPubKey:	0 <32-byte-hash>

Abb. 4.14 Pay-to-Witness-Script-Hash – BIP141 [24, 50]

---

[140] Version Byte stellt eine Zahl dar. Auf diese Zahl folgt ein Hashwert. Dieser Hashwert ist entweder von einem öffentlichen Schlüssel und ist 20 Byte groß (Pay-to-Witness-Public-Key-Hash-Adresse) oder von einem Skript und ist 32 Byte groß (Pay-to-Witness-Script-Hash-Adresse).
[141] Version Byte ist 0 und 20 Byte Hash.
[142] Version Byte ist 0 und 32 Byte Hash.

4.2 Herausforderungen der Blockchain-Technologie

Stellen wir uns vor, Alice möchte zwei Bitcoins an Bob „überweisen". Bob plant, dass diese Bitcoins von seinen Kindern erst ab dem 18. Lebensjahr ausgegeben werden dürfen. Bob erstellt zwei geheime Schlüssel (Private Keys), von denen er mithilfe von ECDSA (Elliptic Curve Digital Signature Algorithm, siehe Abschn. 3.1.2.) jeweils einen öffentlichen Schlüssel (Public Key) generiert bekommt. Bob erstellt ein Skript, in dem steht, dass seine Tochter Bea (erster öffentlicher Schlüssel) erst ab dem Jahr 2025[143] die Hälfte davon nutzen darf und ab dem Jahr 2030 sein Sohn Bill (zweiter öffentlicher Schlüssel) über die zweite Hälfte verfügen kann. Zum Schluss nimmt Bob das Skript mit den dort eingesetzten öffentlichen Schlüsseln und erstellt einen Hashwert. Da sowohl Bob als auch Alice SegWit-Updates bereits implementiert haben, nutzt Alice Bobs P2WSH-Adresse. Das ist ein 32 Byte großer Hashwert, den Bob generiert hat, und ein Version Byte 0 am Anfang. Diese Information steht dann im ScriptPubKey im Output der Transaktion von Alice. So kann Bea mit Ihrem geheimen Schlüssel (zu ihrem öffentlichen Schlüssel passender geheimer Schlüssel) ab dem Jahr 2025 ihren Bitcoin „ausgeben". Sie würde eine Transaktion erstellen, deren ScriptSig leer ist und im Witness-Bereich folgende Angaben hat: Version Byte 0, ihre Signatur (generiert mittels ihres geheimen Schlüssels) und das Skript mit den dort eingesetzten öffentlichen Schlüsseln.

So können in Zukunft Bitcoins durch diverse Skripte gesperrt werden, die von den Entwicklern beliebig gestaltet werden und als Soft Fork zu jedem Zeitpunkt eingeführt werden können. Zum Beispiel würde bei einer P2WSH-Adresse Version Byte 1 mit einem darauffolgenden 32 Byte großen Hashwert bedeuten, dass die zu „überweisenden" Bitcoins durch einen Mechanismus namens Merkelized Abstract Syntax Tree, kurz MAST, „gesperrt" sind. In dem Konzept werden zwei uns bereits bekannte Ansätze, Pay-to-Script-Hash und Merkle Tree, mit einer Abstract-Syntax-Tree-Technologie zusammengesetzt. Ein Abstract Syntax Tree, wie der Name bereits zum Teil verrät, erlaubt ein Skript in Form eines Baumes darzustellen. Die einzelnen Anweisungen und Daten des Skripts stellen „Blätter" (Leaves) des Baumes dar. Diese werden zu einer Merkle-Baum-Wurzel (Merkle Root) miteinander gehasht (siehe Abschn. 4.1.2). Der Merkle Root wird dann in Form eines 32 Byte großen Hashes als P2WSH-Adresse genutzt.

Im Fall einer P2SH- oder einer P2WSH-Adresse wird üblicherweise ein Skript im ScriptSig oder im Witness-Bereich komplett aufgeführt. Wenn wir an unser Beispiel mit Alice und Bob zurückdenken, bedeutet das, dass Bill im Jahr 2030 in seinem Witness-Bereich neben seiner Signatur das komplette Skript aufführen muss (auch wenn Bea ihren Anteil bereits ausgegeben hat). Hätte Bob das MAST-Konzept verwendet, anstatt das Skript einfach nur zu hashen, müsste Bill nur seinen Teil des Skriptes und einen Hashwert von Beas Skript einsetzen. Dies würde einige Vorteile, wie Datenschutz und

---

[143] Angenommen, sie wird im Jahr 2025 18 Jahre alt sein.

bessere Skalierbarkeit, mit sich bringen. Die Informationen vom Bea-Skript werden z. B. in der Bill-Transaktion nicht preisgegeben und dadurch, dass es nur ein Hashwert ist, wird die Transaktion entsprechend kleiner.

Dadurch, dass die Signatur (bei einem Multi-Signature-Skript – mehrere Signaturen) in den Witness-Bereich verschoben wird, wird der Einsatz neuer Signier-Algorithmen möglich. So kann die Anwendung einer s. g. Schnorr-Signatur Flexibilität, Sicherheit und Skalierbarkeit des Bitcoin-Systems verbessern. Die sonst einzeln mithilfe von Elliptic Curve Digital Signature Algorithm (ECDSA) signierten Inputs einer Transaktion können mittels einer Schnorr-Signatur zusammen signiert werden. Dadurch bleibt viel mehr Raum für vielfältigere Skripte, die in ihrer Komplexität vielleicht den Ethereum-Skripten ähneln können [69].

In der Tat hat das Ethereum-System mit einem größeren Datenaufkommen zu kämpfen als das Bitcoin-System. So wie in jedem Public-Permissionless-Blockchain-System muss jeder vollständige Ethereum-Nutzer die komplette Transaktionslast tragen, also jede Transaktion in der Blockchain-Historie ausführen und speichern [12, 56]. Dabei sind die Transaktionen und darin enthaltenen Skripte (Smart Contracts) sehr komplex. Dafür hat das accountbasierte Ethereum-System einen wesentlichen Vorteil gegenüber dem UTXO-basierten Bitcoin-System: bei der Verifikation einer Transaktion wird nicht mehr die gesamte Blockchain nach einem Output durchsucht, der im aktuellen Input referenziert ist, sondern es wird der aktuelle Zustand des jeweiligen Accounts (Account State) geprüft, also ob dieser über genügend Guthaben (Balance) verfügt [16, 27]. Die vollständigen Nutzer (full nodes), die die ganze Historie der Account-Zustände speichern, heißen Archive-Nodes und sind eher selten; um ihre Notwendigkeit wird viel diskutiert. Ein herkömmlicher vollständiger Ethereum-Nutzer (full node[144]) speichert nur die aktuellen Zustände und löscht die alten[145] [47]. Trotzdem liefert das keine langfristige Lösung für das Zentralisierungsproblem. Je größer die Blockchain ist, desto weniger Nutzer können sich erlauben, vollständiger Nutzer zu bleiben.

Um die Skalierbarkeit und die Sicherheit des Ethereum-Systems langfristig zu verbessern und weiterhin Dezentralität zu gewährleisten, haben die Ethereum-Entwickler vor, die Entwicklung und die Einführung einer Ethereum 2.0 in den nächsten zwei bis drei Jahren zu schaffen.[146] Der Schwerpunkt dabei ist, das ganze System in zahlreiche Gruppen aufzuteilen und so die Transaktionslast aufzuteilen und parallele Berechnungen zu erlauben. Nehmen wir eines der Beispiele von Vitalik Buterin[147] zu diesem Thema und stellen uns vor, dass das Ethereum-System auf tausende von Inseln aufgeteilt ist. Jede Insel hat eigene Funktionalitäten. Die Bewohner (Nutzer und Smart Contracts mit ihren Accounts) einer Insel kommunizieren miteinander, organisieren sich selbst,

---

[144]Ethereum-Client-Einstellungen: Geth full oder Parity no-warp (mehr zu dem Thema in [48]).
[145]State Tree Pruning.
[146]Bis zum Jahr 2022. Für mehr Informationen siehe Ethereum Roadmap im Anhang F.
[147]Mitbegründer von Ethereum.

4.2 Herausforderungen der Blockchain-Technologie

haben eine eigene Transaktionshistorie und führen eigene Transaktionen aus. Die Inseln können wiederum miteinander interagieren. Diese Vorgehensweise heißt Sharding und die „Inseln" entsprechend Shards. Sharding kommt ursprünglich aus dem Bereich der Datenbanken[148] und wurde von den Ethereum-Entwicklern an das Ethereum-System angepasst.

Die ganze Architektur des Ethereum-Systems wird dabei „umgebaut" und kann in mehreren Schichten dargestellt werden. So stellen die Shards die zwei untersten Schichten dieser neuen Architektur dar: Daten- und Ausführungsschicht (siehe Abb. 4.15). Die Transaktionen und Smart Contracts werden je Shard ausgeführt und gespeichert. Die nächste Schicht dient der Koordination und dem Validieren der in den Shards produzierten Daten. Diese besteht aus einer neuen Blockchain, der Beacon Chain, die einen PoS-Algorithmus nutzt (bei Ethereum das Casper-Protokoll). An die Stelle von Minern treten Validatoren, die mithilfe des PoS-Algorithmus die Möglichkeit erhalten, einen Block in einem ihnen zufällig zugewiesenem Shard zu erstellen. Für jeden Shard wird eine Gruppe aus 100[149] zufällig ausgesuchten Validatoren zusammengesetzt, die den neuen Block durch das Signieren beglaubigen (attesting). Der Block-Header wird zusammen mit

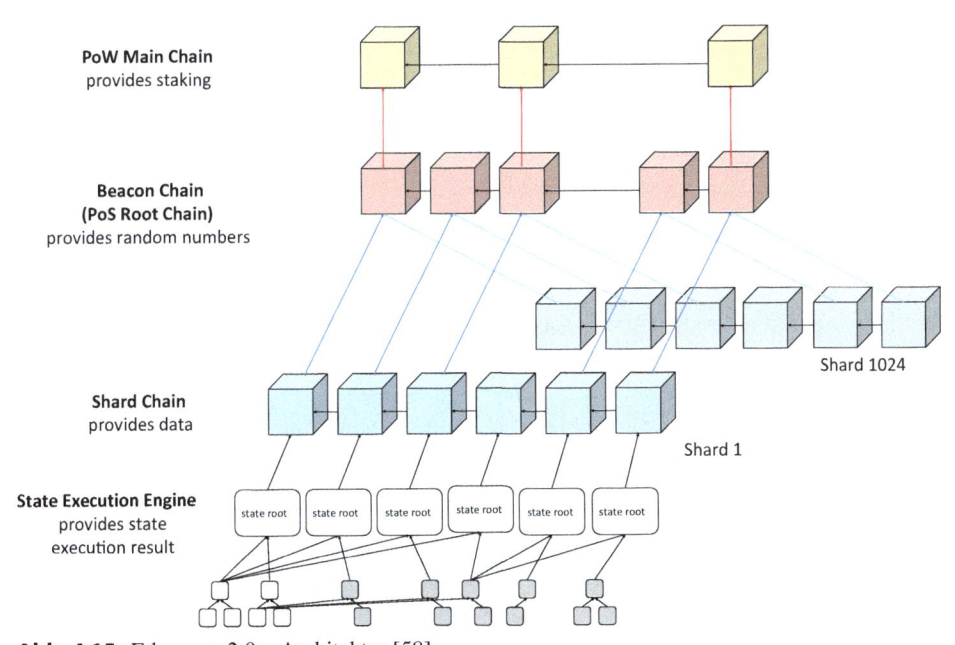

Abb. 4.15 Ethereum 2.0 – Architektur [58]

---

[148] Sharding ist eine Skalierungsmethode im Datenbankenbereich. Daten in einer Datenbank werden dabei in mehreren Shards aufgeteilt und auf unterschiedlichen Servern gespeichert und verwaltet.

[149] Da die Ethereum 2.0 zum Zeitpunkt des Entstehens dieses Buches noch in der Entwicklung ist, können einige Einzelheiten der Implementierung zu einem späteren Zeitpunkt abweichen.

mindestens 67 Signaturen als eine Referenz zu dem Shard-Block in einen Beaconchain-Block aufgenommen [38, 43, 44, 65].

Die aktuelle Ethereum-Blockchain bleibt weiterhin vorhanden, nutzt PoW und stellt eine oberste Schicht dar. Validator kann jeder Ethereum-Nutzer sein, der 32 Ether in Form eines Smart Contracts in der Ethereum-Blockchain (oberste Schicht) hinterlegt.

Ethereum 2.0 ist ein Versuch, das Skalierbarkeitstrilemma zu lösen. Dadurch soll die Skalierbarkeit des Ethereum-Systems massiv verbessert werden, ohne dabei an Sicherheit und Dezentralität einzubüßen.

Bisher haben wir mögliche Skalierungslösungen betrachtet, die durch das Anpassen bestehender Parameter sowie Hinzufügen neuer Funktionalitäten das bestehende Blockchain-System effizienter machen. Eine weitere Skalierungsmöglichkeit soll das System durch s. g. Off-Chain-Transaktionen entlasten. Wie der Name bereits sagt, werden die Transaktionen außerhalb der Blockchain getätigt, also nicht in der Blockchain registriert. Hier erinnern wir uns wieder an das Skalierbarkeitstrilemma. Tatsächlich kann die Sicherheit des Systems dadurch gefährdet werden, da die Transaktionen nicht mehr im Netzwerk verifiziert werden. Sowohl Bitcoin als auch Ethereum arbeiten an möglichen sicheren Off-Chain-Lösungen:

- Micropayment-Kanäle (micropayment channels oder payment channels),
- Zustandskanäle (state channels),
- Child-Chains,
- Side-Chains.

Wir haben das Problem der langen Bestätigungszeit für eine Transaktion und der steigenden Transaktionsgebühren im Bitcoin-System zuvor schon kurz angerissen. Eine Bitcoin-Transaktion gilt dann als gültig, wenn sie in einen Block aufgenommen worden ist, der bereits mindestens fünf Nachfolgerblöcke hat. Da jeder neue Block in zehn Minuten erstellt wird, beträgt die Wartezeit mindestens eine Stunde. Da Miner die Transaktionsgebühren aller im Block enthaltenen Transaktionen erhalten, bevorzugen sie Transaktionen mit höheren Gebühren. Das heißt, je höher die Transaktionsgebühr ist, desto schneller wird die Transaktion in einen neuen Block aufgenommen. So kann ein kleiner Zahlvorgang mit Bitcoins mit einer relativ langen Wartezeit verbunden sein. Solche Nachteile sollen bei Off-Chain-Transaktionen behoben werden. Zwischen den Nutzern werden befristete Micropayment-Kanäle erstellt. Die Nutzer können, solange der Kanal offen ist, Transaktionen in großen Mengen und mit hoher Geschwindigkeit austauschen und nach Ablauf der vereinbarten Zeit diese Transaktionen (oder eine Summentransaktion) für die Blockchain freigeben. Micropayment-Kanäle sind im Bitcoin-System bereits im Einsatz. Schauen wir uns das etwas angepasste Beispiel an, das uns zu diesem Thema von Bitcoin.org angeboten wird [20].

4.2 Herausforderungen der Blockchain-Technologie

Stellen wir uns vor, dass Bob ein digitaler Nomade ist und eine Webseite mit vielen wertvollen Tipps zu günstigen Backpacking-Reisen betreibt. Zu seiner Webseite gehört ein Online-Forum, das rund um die Uhr betreut werden muss. Für das Forum engagiert Bob Alice. Jedes Mal, wenn jemand in Bobs Forum etwas schreibt, wird Alice benachrichtigt und kann den Beitrag prüfen, um sicherzustellen, dass er nicht gegen die Forum-Richtlinien verstößt. Bob würde Alice gerne sofort nach jedem geprüften Beitrag bezahlen und nutzt dafür die Micropayment-Möglichkeit von Bitcoin. Bob fragt Alice nach ihrem öffentlichen Schlüssel (Public Key) und erstellt dann zwei Transaktionen. In der ersten Transaktion zahlt Bob 90 Millibitcoins an eine P2SH-Adresse. Das Skript dieser Adresse erfordert Unterschriften von Alice und Bob, um diese Bitcoins zu entsperren. 10 Millibitcoins werden als Transaktionsgebühren eingesetzt. Diese Transaktion heißt auch Bond-Transaction und wird auf Deutsch als Anleihetransaktion übersetzt. Wenn Bob die Transaktion sofort an das Blockchain-Netzwerk schicken würde, könnte Alice sich dazu entschließen, keine Arbeit auszuführen und die nächste Transaktion,[150] die diese Bitcoins entsperren kann, nicht zu signieren. Dann kann Bob ebenfalls nichts mehr mit diesen Bitcoins anfangen. Daher behält er vorerst diese Transaktion. In der zweiten Transaktion, der s. g. Rückerstattungstransaktion, werden 80 Millibitcoins aus der ersten Transaktion nach Ablauf der 24 Stunden an Bob zurück überwiesen,[151] die restlichen 10 Millibitcoins sind Transaktionsgebühren. Da die Rückerstattungstransaktion die Bitcoins aus der Anleihetransaktion „ausgibt", können diese erst mit den Signaturen von Bob und Alice entsperrt werden. Bob gibt die Rückerstattungstransaktion zum Signieren an Alice weiter. Alice überprüft die Transaktion, stellt fest, dass diese 24 Stunden Sperrzeit hat und behält die Kopie davon. Sie sendet die Transaktion signiert an Bob zurück und fragt ihn nach der Anleihetransaktion. Bob schickt diese an Alice weiter und behält die Kopie. Alice überprüft, ob die Referenzen zwischen der Rückerstattungs- und der Anleihetransaktion stimmen. Sie kann nun die Anleihetransaktion an das Bitcoin-Netzwerk senden, um diese Millibitcoins zu sperren. Bob wiederum hat die von Alice bereits signierte Rückerstattungstransaktion bekommen. Er weiß, wenn Alice keine Arbeit ausführt, kann er die Transaktion an das Netzwerk schicken und seine für 24 Stunden gesperrten Millibitcoins zurückerhalten.

(Fortsetzung)

---

[150] Genauer gesagt den Input, der sich auf den Output der Anleihetransaktion bezieht und das Skript aufführt.

[151] Im Input dieser Transaktion wird der Output aus der Anleihetransaktion referenziert und das Multisignature-Skript mit den Signaturen von Alice und Bob aufgeführt. Im Output werden die Bitcoins für 24 Stunden gesperrt.

> Nachdem Alice die ersten Foren-Beiträge bearbeitet hat, bittet sie Bob um Bezahlung. Bob erstellt eine neue Rückerstattungstransaktion ohne Sperrzeit.[152] Der Input bleibt unverändert. In einem Output überweist Bob 1 Millibitcoin an Alice und in einem weiteren Output 79 Millibitcoins an sich selbst. Weiterhin bleiben 10 Millibitcoins Transaktionsgebühren. Bob signiert diese Transaktion und sendet diese an Alice weiter. So hat Alice die Möglichkeit diese Transaktion zu signieren und auszugeben, wann immer sie will. Sie behält sie und arbeitet weiter. Nach den nächsten überprüften Foren-Beiträgen wird der Vorgang wiederholt und eine neue Version der Rückerstattungstransaktion erstellt und signiert. Wenn Alice ihre Arbeit für den Tag erledigt hat und keine weiteren Beiträge mehr bearbeitet oder kurz vor Ablauf der Sperrzeit, signiert sie die letzte Version der Rückerstattungstransaktion und sendet diese an das Bitcoin-Netzwerk. Für den nächsten Arbeitstag erstellen Bob und Alice einen neuen Micropayment-Kanal.

Die Idee von Micropayment-Kanälen wurde von Joseph Poon und Thaddeus Dryja in ihrer Arbeit „The Bitcoin Lightning Network: Scalable Off-Chain Instant Payments" aus dem Jahr 2016 weiter verfolgt. Die Arbeit beschreibt ein Konzept für ein Netzwerk aus Micropayment-Kanälen für das Bitcoin-System. Das erlaubt skalierbare und sofort ausführbare Off-Chain-Transaktionen, bidirektionale Bezahlungskanäle[153] (Bidirectional Payment Channels), ein großes Netzwerk von Micropayment-Kanälen,[154] geringe Gebühren für die bidirektionalen Kanäle[155] und eine Möglichkeit, Kryptowährungen zwischen unterschiedlichen Blockchains auszutauschen (s. g. Atomic Swaps). Seit Januar 2017 ist

---

[152] Die erste Version, die von Alice und Bob bereits signiert wurde, behält er aus Sicherheitsgründen weiterhin bei sich.

[153] Denken wir zurück an das Beispiel mit dem Online-Forum. Die Anleihetransaktion kann in dem Fall von Alice und Bob „finanziert" werden und jeder von beiden kann den Kanal schließen, indem die neueste Version der Aktualisierungstransaktion an die Blockchain übertragen wird.

[154] Im Lightning Network ist auch ein sicherer Transaktionsaustausch zwischen zwei Nutzern möglich, die miteinander keinen offenen Micropayment-Kanal haben. Dabei wird ein Pfad über mehrere Netzwerk-Knoten (Nutzer) gefunden (ähnlich dem Routing im Internet, durch mehrere Hops). Die Technologie, die das erlaubt, heißt Hashed Timelock Contracts (HTLC). Beispiel: Alice hat einen offenen Kanal mit Charlie und Charlie seinerseits mit Bob. Alice und Bob wollen Off-Chain-Transaktionen austauschen. Dann fordert Alice einen Hash von Bob an und zählt die Knoten (Nutzer) zwischen den beiden. Abhängig von der Anzahl der Knoten (zwischen Alice und Bob ist nur ein Knoten – Charlie) setzt sie eine HTLC-Verfallszeit auf zwei Tage. Charlie setzt die HTLC-Verfallszeit mit Bob auf 1 Tag. Bob teilt den Hashwert mit Charlie und somit treffen die beiden eine Einigung, kleine Transaktionen auszutauschen. Den gleichen Prozess durchlaufen Charlie und Alice (siehe Abb. 4.16) [10].

[155] Die Gebühren im Lightning Network sind sehr gering und werden zwischen den beiden im Kanal kommunizierenden Nutzern ausgezahlt.

4.2 Herausforderungen der Blockchain-Technologie

Abb. 4.16 Netzwerk der Micropayment-Kanäle

bereits die erste Implementierung des Lightning Network für Bitcoin „lnd" im Einsatz [61].

Im Ethereum-System wird der Einsatz der Lightning-Network-Technologie „Raiden" Network genannt. Dieses erlaubt den nahezu sofortigen, gebührenfreien, skalierbaren und vertraulichen Austausch der Werte[156] [64]. Ähnlich zu den Micropayment- oder Payment-Kanälen ist die nächste Off-Chain-Lösung des Ethereum-Systems namens Zustands-Kanäle (State-Channels). Dabei werden an der Stelle der Werte die Zustände außerhalb der Blockchain aktualisiert [45].

> Nehmen wir als Beispiel ein Schachspiel zwischen Alice und Bob. Anstatt nach jedem Zug eine neue Transaktion mit der Zustandsaktualisierung (State Update) an das Ethereum-Netzwerk zu schicken, werden diese in einem Zustands-Kanal aktualisiert. Erst die letzte Transaktion wird an das Netzwerk gesendet [45].

Eine weitere Off-Chain-Skalierungslösung im Ethereum-System trägt den Namen „Plasma" und ermöglicht kleinere „Kinder-Blockchains" (Child- oder Side-Chains) auf Basis der Ethereum-Blockchain. Das heißt nicht nur die Aktualisierung der Zustände, sondern noch viel komplexere Lösungen können außerhalb der Hauptblockchain ausgeführt werden. Im Rahmen eines Smart Contract (auf der Ethereum-Blockchain) einigen sich die Parteien über die Inhalte und Regeln in der neuen Child-Chain. Diese kann eigene Validierungs- und Betrugspräventionsmechanismen einsetzen (Proof-of-Work, Proof-of-Stake, Proof-of-Authority) und weitere Child-Chains haben [46].

Wie bereits angedeutet, entlasten die Off-Chain-Skalierungslösungen zwar das System, sind aber längst nicht so sicher, wie On-Chain-Alternativen. So kommen wir wieder zum Skalierbarkeitstrilemma zurück und möchten das Kapitel mit folgendem Satz abschließen: „Schwerpunkt der Blockchain-Technologie ist ein robustes und sicheres dezentrales System ohne jegliche Bedingungen für die Systemnutzerzahl oder deren Identifizierung.

---

[156]ERC20-konformer Token.

Bei dem Versuch ein Blockchain-System effizienter zu gestalten, leidet oft entweder die Sicherheit oder die Dezentralität des Systems".

Literatur

1. Adaptiert nach M. Ali, J. Nelson, R. Shea, M. J. Freedman, *Blockstack:A global naming and storage system secured by blockchains*, (in 2016 USENIX Annual Technical Conference, USENIX ATC 16, 2016), pp. 181–194; mit freundlicher Genehmigung von Blockstack PBC. All Rights Reserved
2. M. Bastiaan, *Preventing the 51%-attack: a stochastic analysis of two phase proof of work in bitcoin*, (2015)
3. A. Biryukov, D. Khovratovich, I. Pustogarov, *Deanonymisation of clients in Bitcoin P2P network*, (Proceedings of the 2014 ACM SIGSAC Conference on Computer and Communications Security, ACM, 2014), pp. 15–29
4. Z. Despotovic, K. Aberer, *Possibilities for Managing Trust in P2P Networks*, (Swiss Federal Institute of Technology – EPFL, 2004)
5. P. Jogalekar, M. Woodside, *Evaluating the scalability of distributed systems*, (IEEE Transactions on parallel and distributed systems, IEEE, 2000), Vol. 11, pp. 589–603
6. S. Kim, Y. Kwon, S. Cho, *A survey of scalability solutions on blockchain*, (International Conference on Information and Communication Technology Convergence (ICTC), IEEE 2018), pp. 1204–1207
7. X. Li, P. Jiang, T. Chen, X. Luo, Q. Wen, *A survey on the security of blockchain systems*, (Future Generation Computer Systems, Elsevier, 2017)
8. L. Luu, D. Chu, H. Olickel, P. Saxena, A. Hobor, *Making smart contracts smarter*, (Proceedings of the 2016 ACM SIGSAC conference on computer and communications security, 2016), pp. 254–269
9. G. Pappalardo, T. Di Matteo, G. Caldarelli, T. Aste *Blockchain Inefficiency in the Bitcoin Peers Network*, (EPJ Data Science, 2018)
10. J. Poon, T. Dryja, *The bitcoin lightning network: Scalable off-chain instant payments*, (Technical Report (draft). https://lightning.network, 2015)
11. M. Rosenfeld, *Analysis of hashrate-based double spending*, (arXiv preprint arXiv:1402.2009, 2014)
12. M. Scherer *Performance and scalability of blockchain networks and smart contracts*, (Umea University, 2017)
13. Y. Sompolinsky, A. Zohar, *Secure high-rate transaction processing in bitcoin*, (International Conference on Financial Cryptography and Data Security, Springer, 2015), pp. 507–527
14. M. Walker, et al, *Gartner Inc. – Gartner „Hype Cycle for Emerging Technologies, 2016"* (19. Juli 2016)
15. M. Walker, *Gartner Inc. – Gartner „Hype Cycle for Emerging Technologies, 2017"* (21. Juli 2017)
16. G. Wood, *Ethereum: a secure decentralised generalised transaction ledger*, (EIP-150 Revision, 2014)
17. *Academic – Produkt (Wirtschaft)*, https://deacademic.com/dic.nsf/dewiki/1133058#Angebotsorientierte_Definition. Besucht am 01. Mai 2019
18. B. Asolo in *ScriptPubKey & ScriptSig Explained*, Mycryptopedia, https://www.mycryptopedia.com/scriptpubkey-scriptsig/. Besucht am 20. November 2018
19. *Bitcoin – Bitcoin Developer Reference*, https://bitcoin.org/en/developer-reference#block-chain. Besucht am 17.04.2017

Literatur

20. *Bitcoin – Contracts*, https://bitcoin.org/en/contracts-guide#micropayment-channel. Besucht am am 22. August 2019
21. *Bitcoin – Sichern Sie Ihre Wallet*, https://bitcoin.org/de/sichern-sie-ihre-wallet. Besucht am 01.12.2019
22. *Bitcoin Wiki – BIP*, https://en.bitcoin.it/wiki/Bitcoin_Improvement_Proposals. Besucht am 18.04.2017
23. *Bitcoin Wiki – Common Vulnerabilities and Exposures*, https://en.bitcoin.it/wiki/Common_Vulnerabilities_and_Exposures. Besucht am 10.06.2019
24. *Bitcoin Wiki – Transaction*, https://en.bitcoin.it/wiki/Transaction. Besucht am 01.12.2019
25. *Bitcoin Wiki – Hardware wallet*, https://en.bitcoin.it/wiki/Hardware_wallet. Besucht am 01.12.2019
26. *Bitcoin Wiki – Mining*, https://en.bitcoin.it/wiki/Mining. Besucht am 01.12.2019
27. *Bitcoin Wiki – Protocol rules*, https://en.bitcoin.it/wiki/Protocol_rules. Besucht am 01.12.2019
28. *Bitcoin Wiki – Skript*, https://de.bitcoinwiki.org/wiki/Skript. Besucht am 20.11.2018
29. *Bitcoin Wiki – Weaknesses*, https://en.bitcoin.it/wiki/Weaknesses. Besucht am 10.06.2019
30. *BitcoinBlog.de – Ein Startup, Sybils Angriff und die Privatsphäre*, https://bitcoinblog.de/2015/03/19/ein-startup-sybils-angriff-und-die-privatsphare/. Besucht am 01.12.2019
31. *Bitinfocharts – Bitcoin Transactions historical chart*, https://bitinfocharts.com/comparison/bitcoin-transactions.html. Besucht am 01.12.2019
32. *Bitinfocharts – Ethereum Transactions historical chart*, https://bitinfocharts.com/comparison/ethereum-transactions.html. Besucht am 01.12.2019
33. *Bits on Blocks – A gentle introduction to Ethereum*, https://bitsonblocks.net/2016/10/02/gentle-introduction-ethereum/. Besucht am 12.02.2019
34. *Blockchain.com*, https://www.blockchain.com/charts/n-transactions. Besucht am 01.08.2019
35. *Blockchain.info – Hashwert*, https://blockchain.info/de/charts/hash-rate. Besucht am 01.12.2019
36. *Blockchain.com – Hashratverteilung zwischen Mining Pools*, https://www.blockchain.com/charts/pools. Besucht am 01.12.2019
37. *BTC-Echo – So viel Geld benötigst du für eine Bitcoin 51 Prozent Attacke*, https://www.btc-echo.de/so-viel-geld-benoetigst-du-fuer-eine-bitcoin-51-attacke/. Besucht am 01.12.2019
38. B. Edgington in *State of Ethereum Protocol #2: The Beacon Chain*, Medium – ConsenSys, https://docs.ethhub.io/ethereum-roadmap/ethereum-2.0/sharding/. Besucht am 20. August 2019
39. *Ethereum Yellow Paper*, https://github.com/ethereum/yellowpaper. Besucht am 01.12.2019
40. *Etherscan.io – Ethereum Average Block Size Chart*, https://etherscan.io/chart/blocksize. Besucht am 01.12.2019
41. *Etherscan.io – Ethereum Daily Transactions Chart*, https://etherscan.io/chart/tx. Besucht am 01.12.2019
42. *Etherscan.org – Total number of transactions per day*, https://www.etherchain.org/charts/transactionsPerDay. Besucht am 01.12.2019
43. *EthHub – Ethereum Roadmap – Ethereum 2.0 (Serenity) Phases*, https://docs.ethhub.io/ethereum-roadmap/ethereum-2.0/eth-2.0-phases/. Besucht am 20. August 2019
44. *EthHub – Ethereum Roadmap – Sharding*, https://docs.ethhub.io/ethereum-roadmap/ethereum-2.0/sharding/. Besucht am 20. August 2019
45. *EthHub – Ethereum Roadmap – State Channels*, https://docs.ethhub.io/ethereum-roadmap/layer-2-scaling/state-channels/. Besucht am 20. August 2019
46. *EthHub – Ethereum Roadmap – Plasma*, https://docs.ethhub.io/ethereum-roadmap/layer-2-scaling/plasma/. Besucht am 20. August 2019
47. *EthHub – Using Ethereum – Running an Ethereum Node*, https://docs.ethhub.io/using-ethereum/running-an-ethereum-node/#full-nodes. Besucht am 17. August 2019

48. *EthHub – Using Ethereum – Running an Ethereum Node*, https://docs.ethhub.io/using-ethereum/running-an-ethereum-node/#client-settings_2. Besucht am 1. Dezember 2019
49. *Gartner Inc. – Gartner-Methodologien – allgemeine Grafik von Gartner Hype Cycle 2020*, https://www.gartner.com/en/research/methodologies/gartner-hype-cycle (Mit freundlicher Genehmigung von Gartner, Inc. and/or its affiliates. All rights reserved.)
50. *GitHub – Bitcoin/bips – BIP 141*, https://github.com/bitcoin/bips/blob/master/bip-0141.mediawiki. Besucht am 15. August 2019
51. *GitHub – Ethereum – A Next-Generation Smart Contract and Decentralized Application Platform*, https://github.com/ethereum/wiki/wiki/White-Paper. Besucht am 03. Mai 2019
52. *GitHub – Ethereum – Design Rationale*, https://github.com/ethereum/wiki/wiki/Design-Rationale#gas-and-fees. Besucht am 15. August 2019
53. *GitHub – Ethereum – Ethereum Development Tutorial*, https://github.com/ethereum/wiki/wiki/Ethereum-Development-Tutorial. Besucht am 03. Mai 2019
54. *GitHub – Ethereum – Mining*, https://github.com/ethereum/wiki/wiki/Mining. Besucht am 03. Mai 2019
55. *GitHub – Ethereum – Patricia Tree*, https://github.com/ethereum/wiki/wiki/Patricia-Tree. Besucht am 03. Mai 2019
56. *GitHub – Ethereum – Sharding introduction R&D compendium*, https://github.com/ethereum/wiki/wiki/Sharding-introduction-R&D-compendium. Besucht am 15. August 2019
57. *Heise Security – Sicherheit der Verschlüsselung*, https://m.heise.de/security/artikel/Kryptographie-in-der-IT-Empfehlungen-zu-Verschluesselung-und-Verfahren-3221002.html?artikelseite=all. Besucht am 01.12.2019
58. *Hsiao-Wei Wang – Presentation „Ethereum, Serenity"*, https://docs.google.com/presentation/d/1f4wMbV-wn0hqHUN3uvA3q3J8o5YS-tV-tV6rA0glIOQ/edit?usp=sharing. Besucht am 01.12.2019
59. *Hyperledger – Frameworks*, https://www.hyperledger.org/. Besucht am 01.12.2019
60. *Learn me a bitcoin – Difficulty*, http://learnmeabitcoin.com/guide/difficulty. Besucht am 01.12.2019
61. *Lightning Network Community Blog – Alpha Release of the Lightning Network Daemon*, https://lightning.community/release/software/lnd/lightning/2017/01/10/lightning-network-daemon-alpha-release/. Besucht am am 22. August 2019
62. *Mining Champ – Hashrate of Graphics Cards*, https://miningchamp.com/. Besucht am 09. Mai 2019
63. *Posttip.de – Lexikon – Produkt*, http://www.posttip.de/lexikon/produkt/. Besucht am 01. Mai 2019
64. *Raiden Network – What is the Raiden Network*, https://raiden.network/101.html. Besucht am 25. August 2019
65. K. Schiller in *Ethereum 2.0 erscheint am 03.01.2020 – Was ist Serenity*, Blockchainwelt, https://blockchainwelt.de/ethereum-2-0-consensys-roadmap-serenity/. Besucht am 20. August 2019
66. A. Van Wirdum in *Bitcoin Magazine – Segregated Witness, Part 1: How a Clever Hack Could Significantly Increase Bitcoin's Potential, Dezember 2015*, https://bitcoinmagazine.com/articles/segregated-witness-part-how-a-clever-hack-could-significantly-increase-bitcoin-s-potential-1450553618. Besucht am 15. August 2019
67. A. Van Wirdum in *Bitcoin Magazine – Segregated Witness, Part 2: Why You Should Care About a Nitty-Gritty Technical Trick, Dezember 2015*, https://bitcoinmagazine.com/articles/segregated-witness-part-why-you-should-care-about-a-nitty-gritty-technical-trick-1450827675. Besucht am 15.08.2019
68. A. Van Wirdum in *Bitcoin Magazine – Segregated Witness, Part 3: How a Soft Fork Might Establish a Block-Size Truce (or Not), Dezember 2015*, https://bitcoinmagazine.com/articles/segregated-witness-part-how-a-soft-fork-might-establish-a-block-size-truce-or-not-1451423607. Besucht am 15.08.2019

69. A. Van Wirdum in *Bitcoin Magazine – The Power of Schnorr: The Signature Algorithm to Increase Bitcoin's Scale and Privacy, April 2016*, https://bitcoinmagazine.com/articles/the-power-of-schnorr-the-signature-algorithm-to-increase-bitcoin-s-scale-and-privacy-1460642496. Besucht am 15.08.2019
70. M. von Haller Gronbaek, in *Blockchain 2.0, smart contracts and challenges*, Bird & Bird. (2016), https://www.twobirds.com/en/news/articles/2016/uk/blockchain-2-0--smart-contracts-and-challenges. Besucht am 28. Oktober 2017
71. *Wikipedia – Ghash.io*, https://en.wikipedia.org/wiki/Ghash.io. Besucht am 01.12.2019
72. *Wikipedia – Nonce*, https://de.wikipedia.org/wiki/Nonce. Besucht am 01.12.2019

5. Richtiger Einsatz verspricht den Erfolg

Zusammenfassung

Was kann die Blockchain-Technologie als neue „ultimative Technologie" für Probleme lösen? Eine neue Technologie nüchtern zu betrachten ist Grundlage des Erfolgs, der durch den richtigen Einsatz möglich wird. Daher wollen wir uns auf die Innovation der Blockchain-Technologie konzentrieren und die Vorteile betrachten, die uns diese Technologie im Vergleich zu bereits vorhandenen Lösungen, wie z. B. verteilten Datenbanken, bietet. In diesem Kapitel möchten wir Ihnen die Möglichkeiten, die Sie bei der Einführung der Blockchain-Technologie haben, aufzeigen und Sie dabei mithilfe eines Beispiels begleiten.

In den Jahren 2016 und 2017, als der Hype um die Blockchain-Technologie ihren Höhepunkt erreicht hatte, haben sich zahlreiche Unternehmen auf ein „Blockchain-Experiment" eingelassen. Ein Experiment, weil es um eine neue Technologie ging, über deren Definition heute [157] noch diskutiert wird. Zahlreiche Unternehmen haben versucht, ihre Prozesse durch die Blockchain effizienter zu gestalten oder anderen Unternehmen eine effiziente Blockchain-Lösung anzubieten; jeder mit einer eigenen Vorstellung, was die Blockchain eigentlich ist. Und wider Erwarten konnte die neue ultimative Technologie nicht alle Probleme der Welt lösen und es kamen langsam die ersten Zweifel auf, ob Blockchain überhaupt das bieten kann, was allerorten versprochen wird. Eine neue Technologie nüchtern zu betrachten ist ein Grundstein des Erfolgs, der durch den richtigen Einsatz möglich wird.

Daher wollen wir uns auf die Innovation der Blockchain-Technologie konzentrieren und die Vorteile betrachten, die uns diese Technologie im Vergleich zu bereits vorhandenen

---

[157] Zum Zeitpunkt des Entstehens dieses Buchs.

Lösungen, wie z. B. verteilten Datenbanken, bietet. Stellen Sie sich eine beliebige Anwendung mit zahlreichen Nutzern und/oder Parteien vor, die miteinander interagieren müssen, aber einander nicht vertrauen. Welche der folgenden Lösungen kommt in Frage für Ihre Anwendung:

- eine robuste und hocheffiziente Lösung mit begrenzten Nutzerberechtigungen (skalierbar und sicher)[158] oder
- eine robuste Lösung ohne Mittelsmänner und ohne zentrale Instanz (dezentral und sicher)?[159]

Bei der ersten Lösung geht es um eine Private Permissioned Blockchain. Oft kann eine solche Lösung ebenso gut durch ein verteiltes Datenbanksystem ermöglicht werden. Bei der zweiten Lösung kommt eine Public Permissionless Blockchain zum Einsatz.

Wenn es um Vertrauen geht, das gegenüber einer dritten Partei erbracht werden soll, dann sprechen wir über zentralisierte Systeme. Beispielsweise benötigen wir in einem Identitätsmanagementsystem heutzutage einen oder mehrere vertrauenswürdige Verifizierer, die die von uns getätigten Aussagen verifizieren und bestätigen können. Eine solche Aussage kann eine Adresse sein oder der Besitz eines Führerscheins. Dies kann mithilfe einer bereits seit vielen Jahren weit verbreiteten Public Key Infrastruktur (PKI) umgesetzt werden. In anderen Fällen, wo Vertrauen benötigt wird, können Lösungen wie Web of Trust[160] oder Proof of Autority[161] zum Zuge kommen.

Angenommen Sie haben sich für eine robuste Lösung ohne Mittelsmänner und ohne zentrale Instanz entschieden. Als Nächstes sind dann weitere Kriterien zu erfassen, wie z. B. das Kosten-Nutzen-Verhältnis (Größenordnung des Systems,[162] das Vorhandensein eines eigenen IT-Teams, Transaktionsgebühren oder Gas-Kosten[163] bei bestehenden Public-Blockchain-Anbietern). Darauf basiert die Entscheidung, ob Sie eine bestehende Lösung nutzen oder eine eigene entwickeln wollen. Die nächste Frage betrifft das eigentliche Ziel, genauer gesagt den „Inhalt" Ihrer Anwendung, nämlich: welche Interaktionen sollen zwischen den Nutzern stattfinden? Liegt der Schwerpunkt Ihrer Anwendung darauf, dass der Zustand, genauer gesagt der Besitz eines Wertes, sicher erfasst und protokolliert

---

[158] Siehe Skalierbarkeitstrilemma im Abschn. 4.2.2.

[159] Siehe Skalierbarkeitstrilemma im Abschn. 4.2.2.

[160] WOT – in einem so genannten Netz des Vertrauens kann jeder Benutzer des Systems selbst entscheiden, wem er vertraut und wem nicht [1]. Durch ein solches Vertrauensnetz kann sich ein Benutzer eine Meinung über einen anderen Benutzer bilden ohne mit diesem vorher zu interagieren [3]. Es existieren diverse Algorithmen, um so ein System zu realisieren.

[161] PoA – eine Gruppe von vertrauenswürdigen Validatoren sichert das System. Mehr Informationen zu dem Thema PoA finden Sie in [2, 17].

[162] Anzahl der möglichen Nutzer.

[163] Eine Gebühr im Ethereum-System, die für jeden Schritt einer Smart-Contract-Berechnung vorgesehen ist (siehe Abschn. 4.1.1).

werden muss? Zum Beispiel der Besitz von Wertpapieren, eines Kunstobjekts, eines Produkts[164] oder die Protokollierung der Urheberrechte. Der Besitz kann zusätzlich mit einfachen Bedingungen verknüpft werden, wie z. B. eine für bestimmte Zeit befristete Berechtigung.[165] Für solche Zwecke ist eine einfache UTXO-basierte Blockchain 1.0 ausreichend, da der Zustand der Werte, der dort erfasst wird, entweder „nicht ausgegeben" (unspent) oder „ausgegeben" (spent) bedeutet.

Wenn Ihre Anwendung aber komplexer sein soll, dann ist eine accountbasierte Blockchain 2.0 die bessere Wahl; beispielsweise, wenn die Zustände eines Wertes oder einzelner Nutzer-Accounts größere Flexibilität bieten sollen, oder die Interaktion Ihrer Nutzer mit komplexen Bedingungen verknüpft ist, die automatisch kontrolliert und ausgeführt werden sollen. So ist nicht nur ein robustes und sicheres dezentrales System für die Protokollierung des Wertbesitzes möglich, sondern das System agiert auch als ein großer dezentraler Computer mit Millionen von autonomen Objekten. Mithilfe dieser autonomen Objekte, genauer gesagt Smart Contracts, können Sie beliebige komplexe Anwendungen, so genannte decentralized Applications oder kurz dApps, erstellen und diese dezentral ohne weitere Mittelsmänner steuern und nutzen, zum Beispiel ein Smart Contract, der die Vermietung eines Apartments regelt. Wenn ein potenzieller Mieter das Geld für das anzumietende Objekt eingezahlt hat und der Tag des Mietbeginns gekommen ist, dann wird ein digitaler Schlüssel[166] für das Aufschließen des Apartments an den Mieter verschickt. Der digitale Schlüssel ist exakt auf die Mietzeit befristet. Die komplexeren Smart Contracts können so genannte dezentrale autonome Organisationen (DAO – decentralized autonomous organisations) darstellen, deren Funktionen abhängig von den vordefinierten Bedingungen automatisch ausgeführt werden.

Nehmen wir an, Sie haben sich für eine der Blockchain-basierten Lösungen (UTXO- oder Account-basierte Lösung) entschieden. Lassen Sie uns nun die am weitesten verbreiteten Einsatz-Methoden dieser Lösungen genauer anschauen.

5.1 Einsatz einer bereits bestehenden Blockchain-Lösung

Jedes Unternehmen, das auf den Blockchain-Zug aufspringen möchte, sollte sich intensiv mit dem Kosten-Nutzen-Verhältnis auseinandersetzen, bevor es sich für die Implementierung entscheidet. Es gibt zahlreiche Projekte und Anbieter auf dem Markt, die Unternehmen bei der Blockchain-Einführung unterstützen. Letztlich muss sich das Unternehmen

---

[164] Stellen Sie sich ein verschreibungspflichtiges Medikament vor, dessen Weg vom Hersteller über den Apotheker bis zum Kunden manipulationssicher protokolliert werden kann.
[165] Stellen Sie sich vor, der Platz 12A in Ihrem Kino kann für die Zeit eines bestimmten Films einem Ihrer Besucher „gehören" – also ein Kinoticket.
[166] Für ein elektronisches Schloss.

entscheiden, ob es eine eigene Entwicklung anstrebt oder ob eine bestehende Blockchain (z. B. Bitcoin oder Ethereum) verwendet werden kann.

Bitcoin und Ethereum haben sich in der Blockchain-Szene gewissermaßen als Standards etabliert und dienen gegenwärtig als Grundlage für viele weitere Anwendungen.

5.1.1 UTXO-basierte Lösung mit Colored Coins

Mithilfe von Colored Coins können Sie einfach Ihre eigene UTXO-basierte Lösung auf Grundlage eines bereits bestehenden Blockchain-System wie Bitcoin aufbauen.

Das Prinzip von „Colored-Coins" (gefärbten Münzen) fügt zu den bereits vorhandenen Werten (genauer gesagt zu UTXO), z. B. Bitcoins, zusätzliche Informationen (Metadaten) hinzu. Durch die Verknüpfung mit diesen Informationen werden die originalen Bitcoins – „gefärbt" – und bekommen eine andere Semantik/Verwendung, z. B. können sie einen neuen Wert repräsentieren: ein Zertifikat, eine Aktie, ein Kinoticket, ein gemietetes Apartment oder einen digitalen Schlüssel für ein Haus oder ein Auto (siehe Abb. 5.1) [12].

Die Nutzer, die die gefärbten Münzen austauschen, nutzen eine Colored-Coins-Applikation und wissen, welchen Wert oder welche Eigenschaft die Münzen besitzen. Die Miner der Blockchain können jedoch die „Farbe" der digitalen Münzen nicht erkennen und sehen alle eingehenden Transaktionen als Standard-Transaktionen. Aus diesem Grund müssen die hinzugefügten Informationen (Metadaten) von den Nutzern, die Colored Coins verwenden, verifiziert werden.

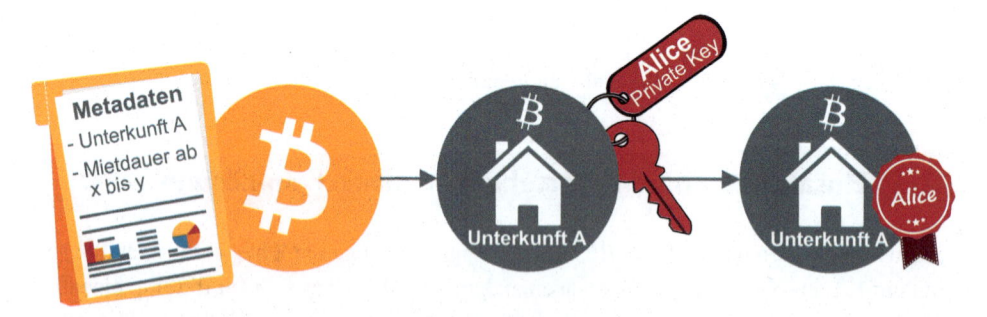

Abb. 5.1 Colored-Coins-Methode auf Basis der Bitcoin-Blockchain mit einem neuen Wert (Apartment zur Miete)

5.1 Einsatz einer bereits bestehenden Blockchain-Lösung

Die größte US-amerikanische Börsen-Plattform NASDAQ[167] hat im Dezember 2015 Colored Coins in ihrer Plattform namens LINQ eingesetzt. Die Colored Coins werden dabei zwischen privaten Investoren und/oder Banken ausgetauscht und mit Wertpapieren gekoppelt. LINQ bietet einen Service für sichere private Transaktionen und erlaubt durch die Blockchain-Technologie einen Überblick über alle Vorbesitzer.

Nach der Entwicklung des ERC-20-Token-Standards[168] im November 2015 sind einige Colored-Coin-Projekte auf Bitcoin-Basis entweder eingestellt worden oder sind zum Ethereum-System (ERC-20-Tokens) übergegangen.

Mit dem SegWit-Update hat das Bitcoin-System an Flexibilität gewonnen und kann so zukünftigen Projekten im Colored-Coin-Bereich eine gute Basis bieten.

Das so genannte RGB-Projekt basiert auf der Idee der Colored Coins in Verbindung mit Bitcoin-Lightning-Networks und einem nutzerseitigen Validierungsmodell (client-side validation model) [10]. Das erlaubt einen dezentralen Werttransfer mit einer minimalen Verifikationszeit, einer hohen Transaktionsrate pro Sekunde und geringen Gebühren.

5.1.2 Accountbasierte Lösung und Smart Contracts

Die beschränkte und unflexible Scriptsprache des Bitcoin-Systems motivierte im Jahr 2014 Entwickler zur Erschaffung des Ethereum-Systems. Ursprünglich wurde das Ethereum-System als verbesserte Version einer Kryptowährung geplant. Diese sollte eine Alternative zur Bitcoin-Colored-Coin-Methode[169] liefern und eine flexible Skriptsprache zur einfachen Entwicklung neuer Funktionalitäten auf der Grundlage einer bestehenden Blockchain bieten. Letztlich geht das Ethereum-Protokoll weit über eine reine Währung hinaus und bietet ein Blockchain-System mit einer eingebauten Programmiersprache. Diese ermöglicht es jedem, Smart Contracts und darauf basierende dezentrale Anwendungen (dApps) mit eigenen beliebigen Regeln für Besitztümer, Transaktions- und Zustandsänderungsformate zu erstellen [13].

So sind Ethereum Smart Contracts viel mehr als nur kryptographische „Kisten" mit bestimmten Werten, die nur dann entsperrt werden können, wenn gewisse Bedingungen erfüllt sind. Sie sind eher mit „autonomen Agenten" vergleichbar, die innerhalb des Ethereum-Systems existieren. Sie haben, so wie die Nutzer, eigene „Konten", so genannte Accounts, und „Kontonummern", genauer gesagt Adressen. Diese „autonomen Agenten"

---

[167] NASDAQ – National Association of Securities Dealers Automated Quotations.

[168] Im Grunde ein Standard für die Erstellung neuer digitaler Werte auf Ethereum-Basis. Das sind keine Ether-Colored-Coins, sondern eigenständige Tokens, denen ein beliebiger Wert zugeschrieben werden kann. Weitere Informationen zu dem Thema finden Sie in [6, 14, 15].

[169] Einem Wert aus einer UTXO-basierten Blockchain wird eine neue Bedeutung zugeschrieben.

haben Kontrolle über ihre eigenen Inhalte,[170] z. B. über die enthaltenen Werte, Bedingungen sowie das Ether-Guthaben, das für systemabhängige Gebühren benutzt werden kann. Smart Contracts führen immer ein bestimmtes Stück ihres Quellcodes aus, wenn sie durch eine spezielle Nachricht[171] von einem anderen Smart Contract oder von einem Nutzer durch eine Transaktion „angestoßen" werden. Diese „autonomen Agenten" werden auf dem Rechner jedes Ethereum-Nutzers in einer speziell dafür geschaffenen Umgebung, der Ethereum Virtual Machine (EVM) ausgeführt [13].

Ein einfaches Beispiel: Wenn ein potenzieller Mieter das Geld für das anzumietende Apartment eingezahlt hat und der Tag des Mietbeginns gekommen ist, dann wird durch den Smart Contract geregelt, dass ein digitaler Schlüssel für das Aufschließen des Apartments an den Mieter verschickt wird [9]. Ein weiteres bekanntes Beispiel für den Einsatz von Smart Contracts ist die Vermietung von Autos oder deren Kauf auf Kredit. Anhand der Rahmenbedingungen, die im Smart Contract beschrieben sind, kann das Auto dem Mieter oder Käufer zur Verfügung gestellt werden. Wenn der Käufer eine Kreditrate nicht rechtzeitig bezahlt oder die Mietzeit des Autos abgelaufen ist, kann das Auto für den Nutzer blockiert werden.

Damit Smart Contracts eine Verbindung zu Informationen außerhalb der Blockchain erlangen können, werden so genannte Oracles eingesetzt. Diese fungieren als Brücke zur realen Welt [8]. Zum Beispiel wird für den Umtausch von US-Dollar in BTC ein Oracle für die genaue Umrechnung mit dem jeweils aktuellen Wechselkurs in den Smart Contract eingefügt [13]. Das Londoner Unternehmen Provable (früher Oraclize) bietet einen solchen Service für die Verbindung von Blockchain-basierten DApps (Ethereum, Rootstock, R3 Corda, Hyperledger Fabric und EOS) mit beliebigen externen Schnittstellen diverser Web-Anwendungen (Abb. 5.2) an. Eins der Projekte von Provable war Proof-of-Identity [16]. Dabei wurde eine Ethereum-Adresse mit einer estnischen digitalen Identifikationsnummer (Digi-ID) verbunden.

Das Konzept der Smart Contracts gab es längst vor Entwicklung der Blockchain-Technologie. Bereits 1997 hat Nick Szabo in seiner Arbeit „Formalizing and Securing Relationships on Public Networks" [5] den Begriff Smart Contract definiert. Dabei beschreibt er Smart Contracts als eine Möglichkeit, Beziehungen/ Interaktionen, die über öffentliche Netzwerke, wie das Internet, geführt werden, sicher und rechtskräftig zu gestalten. Smart Contracts (nach Szabo) nutzen Protokolle und Benutzeroberflächen, um alle Schritte des Vertragsprozesses zu erleichtern und im Vergleich zu den papierbasierten

---

[170] So besteht jeder Account im Ethereum-System aus vier Feldern: Nonce, Ether-Guthaben, Quellcode und interner Speicher. Nonce ist ein Transaktionszähler und stellt sicher, dass jede Transaktion nur einmal ausgeführt wird. Die zwei letzten Felder sind bei einem externen Account, einem Nutzer-Account, leer. Jedes Mal, wenn der Smart Contract Account durch eine Nachricht oder eine Transaktion „angesprochen" wird, wird sein Quellcode aktiviert. Das erlaubt dem Smart Contract auf den internen Speicher zuzugreifen (zum Lesen und zum Schreiben), Nachrichten für andere Smart Contracts zu senden oder neue Smart Contracts zu erstellen [13].
[171] Message.

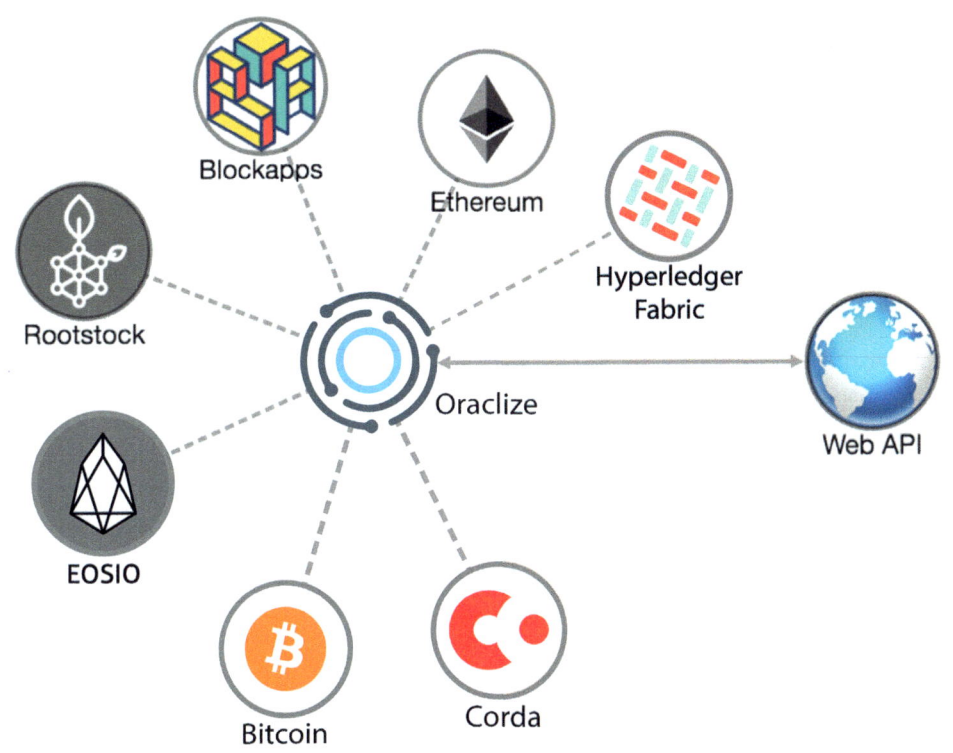

5.1 Einsatz einer bereits bestehenden Blockchain-Lösung

Abb. 5.2 Provable (früher Oraclize) – Datenbote für dezentrale Applikationen [18]

Vorfahren die Kosten zu reduzieren. Leider gab es zu diesem Zeitpunkt kein zu der Idee passendes sicheres repliziertes Datenbanksystem, sodass das Protokoll von Nick Szabo nie in der Praxis umgesetzt wurde [13].

Die Herausforderungen von heutigen Smart Contracts liegen in ihrer Rechtsverbindlichkeit sowie in der Haftung und dem Datenschutz. Wer trägt die Verantwortung, wenn sich in den Code eines Smart Contracts ein Fehler eingeschlichen hat? Oder wie kann die Rechtsverbindlichkeit eines Smart Contracts in der realen Welt nachgewiesen werden?

Als ein negatives Beispiel kann die Ethereum Hard Fork von 20. Juli 2016 angesehen werden. Einen Monat zuvor wurden 3,6 Millionen Ether (65 Millionen Euro) durch einen Angreifer, der einen Fehler im The DAO Framework gefunden hatte, entwendet. „The DAO" ist der Name einer Applikation, die als Smart Contract auf der Ethereum-Blockchain realisiert wurde [19]. Diese hatte keine zentrale Managementinstitution und basierte auf den im Code festgeschriebenen Regeln, also gewissermaßen ein Unternehmen ohne eigene Mitarbeiter. „The DAO" war sozusagen eine Investment-Firma, die allein durch einen Abstimmungsprozess Crowdfunding betrieb. Nach dem Angriff spürten die Ethereum-Entwickler den Fehler auf und entschieden sich für ein Hard Fork Update, um die entwendeten Ether wiederzubekommen. „The DAO" wurde nach diesem Vorfall eingestellt.

Zusammenfassend gesagt, bietet eine accountbasierte Lösung wie Ethereum mit dem Einsatz von Smart Contracts mehr Flexibilität in der Erstellung neuer Anwendungen, ist aber durch ihre Komplexität nicht so robust wie das UTXO-basierte Bitcoin-System.

5.1.3 Interoperable Blockchains

Eine weitere Möglichkeit, andere Blockchains sicher zu testen oder zu nutzen, wird durch „Interaktion zwischen den Blockchains" sichergestellt. Dabei gibt es sowohl technische (jede Altchain[172] implementiert die Technologie auf ihre eigene Art) als auch wirtschaftliche (schwankender Wert des umzutauschenden Tokens) Herausforderungen.

Die Autoren der wissenschaftlichen Arbeit „Enabling Blockchain Innovations with Pegged Sidechains" [7] beschreiben deshalb einen neuen Mechanismus, um diese Interaktion zu ermöglichen. Mithilfe dieses Mechanismus können die Token/Werte (weiter nur Werte) einer Blockchain an eine andere Blockchain, die Sidechain, übertragen werden. Sidechain nennt man eine Blockchain, die Daten anderer Blockchains erkennen und prüfen kann [7].

Die Idee einer Blockchain-übergreifenden[173] Übertragung gab es schon vorher. Das Verfahren,[174] als Atomic Swap oder Atomic Exchange bekannt, wurde bereits im Jahr 2012 unter Blockchain-Entwicklern diskutiert und 2013 von Tier Nolan weiterentwickelt (siehe Anhang E).

Im Jahr 2014 wurde die Sidechain-Technologie von Adam Back [7] vorgestellt. Die Kernidee sind so genannte Pegged Sidechains. Im Unterschied zur Sidechain kann eine Pegged Sidechain die von einer anderen Blockchain erhaltenen Daten zurück übertragen. Der Mechanismus wird Two-Way-Peg genannt und ermöglicht eine Übertragung von Blockchain-Werten zwischen Sidechains in beide Richtungen – zu einem festen Umrechnungskurs. Somit kann der Nutzer eine neue Blockchain durch die „Umwandlung" vorhandener Werte testen, ohne neue Blockchain-Werte direkt zu erwerben.

Den Two-Way-Peg-Mechanismus gibt es in zwei Varianten:

- symmetrische und
- asymmetrische.

---

[172]Eine separate und eigenständige Blockchain, die nicht auf eine bereits existierende Blockchain (z. B. Bitcoin) aufgesetzt wird, wird auch Alternative Chain oder kurz Altchain genannt.
[173]In Englisch: cross-chain oder inter-chain.
[174]Dafür wurden Contracts verwendet mit einem Secret-Austausch und Lock-Time-Parameter.

5.1 Einsatz einer bereits bestehenden Blockchain-Lösung

Der Unterschied liegt in der Transaktionsverifizierung. Der symmetrische Two-Way-Peg-Mechanismus unterstützt SPV[175]-Verifizierung auf beiden Blockchains – Parent-[176] und Sidechain – das heißt: Die beiden Blockchains „kennen" sich. Bei dem asymmetrischen Verfahren wird die SPV-Verifizierung nur auf der Parentchain gemacht. Das bedeutet: die Parentchain „kennt" die Sidechain nicht und muss eine SPV-Verifizierung der Sidechain-Daten machen, wobei die Nutzer der Sidechain vollständige Prüfer der Parentchain sind und keinen SPV-Nachweis für die Daten der Parentchain benötigen.

> Ein Beispiel: Alice verfügt über Bitcoins und möchte eine andere Kryptowährung oder bestimmte Werte aus einer anderen Blockchain (in unserem Fall aus der Sidechain) haben. Sie nutzt dafür das symmetrische Verfahren. Sie erstellt eine Transaktion, deren Output eine bestimmte Adresse in ihrer Parentchain beinhaltet (in dem Fall Bitcoin-Blockchain), wo ihre Bitcoins vorerst für eine Bestätigungsperiode[177] gesperrt werden. Nachdem die Bestätigungsperiode abgelaufen ist, wird eine Transaktion auf der Sidechain erstellt, die sich auf den Output aus der Bitcoin-Blockchain bezieht und den SPV-Nachweis unterstützt. Die Bitcoins werden anhand eines festen Umrechnungskurses in Sidechain-Werteinheiten umgerechnet. Dann werden die Werte für weitere ein bis zwei Tage in der Sidechain für eine gewisse Zeit – die Wettbewerbsperiode[178] gesperrt. Dies soll die doppelte Ausgabe von Werten (double-spending) verhindern. Nach der Wettbewerbsperiode stehen Alice die Sidechain-Werte zur Verfügung (siehe Abb. 5.3). Diese Werte enthalten Informationen über ihre Parentchain (Bitcoin) und können somit auf die gleiche Weise zurück übertragen werden (ebenfalls mit gesperrtem Output, Bestätigungs- und Wettbewerbsperiode sowie SPV-Nachweis).

Ein wichtiger Faktor bei der Übertragung von Blockchain-Werten zwischen den Sidechains ist die Sicherheit: Die Empfänger-Chain muss erkennen können, dass die Werte in der Sender-Chain richtig gesperrt sind.

Grundsätzlich kann jede Blockchain angepasst werden, um mit Sidechains interagieren zu können. Die Blockchain-Werte können zwischen mehreren Sidechains und zurück zur Parentchain übertragen werden.

Die Nachteile der Sidechain-Technologie wurden bereits von deren Entwicklern klar beschrieben:

---

[175] SPV – Simplified Payment Verification Proof oder in Deutsch: vereinfachter Zahlungsüberprüfungsnachweis; gibt Nutzern die Möglichkeit Transaktionen zu verifizieren, ohne die ganze Blockchain herunterzuladen (z. B. anhand von Block-Headern).
[176] Elternblockchain.
[177] Confirmation Period: 1–2 Tage.
[178] Contest Period.

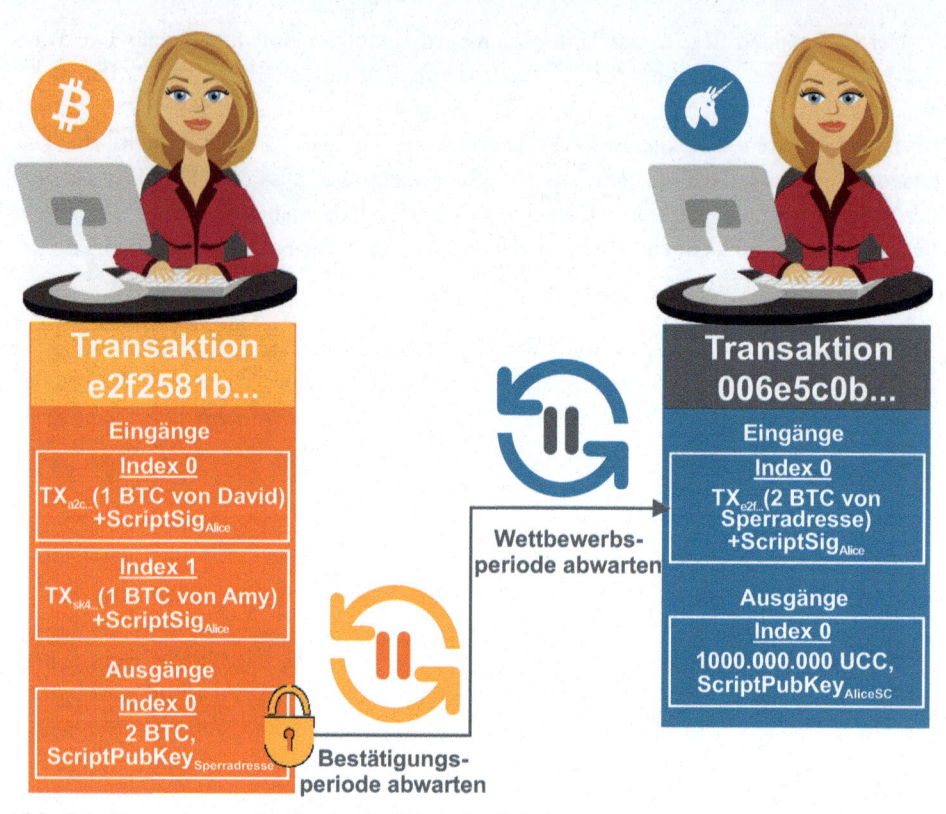

Abb. 5.3 Konvertierung der Bitcoins in Sidechain-Einheiten

- Komplexität,
- Risiko der betrügerischen Übertragung,
- Risiko der Zentralisierung von Mining und
- Risiko der Soft Fork (jede Änderung an einem bestehenden System kann Sicherheitsprobleme mit sich bringen) [7].

Die Autoren des Sidechain-Artikels gründeten im Jahr der Veröffentlichung das Unternehmen Blockstream, um die Technologie voranzutreiben und Sidechains für unterschiedliche Projekte zu entwickeln.

Ein im Jahr 2015 gestartetes Projekt Rootstock[179] nutzt die Sidechain-Technologie und bietet damit eine Plattform für Smart Contracts. Die Rootstock-Sidechain hat eine Two-Way-Peg-Verbindung zur Bitcoin-Parentchain, besitzt keine eigene Kryptowährung und

---

[179] White Paper [4].

gibt die Transaktionsgebühren für das Merged Mining[180] an die Bitcoin-Miner weiter. Die Blöcke auf der Rootstock-Sidechain werden alle zehn Sekunden erstellt.

5.2 Einsatz einer eigenen neuen Blockchain-Lösung

Wenn Sie sich nach einer Bedarfsanalyse für eine eigene Blockchain entschieden haben, stehen Ihnen viele Umsetzungsmöglichkeiten zur Verfügung. In den vergangenen Jahren sind zahlreiche Konsortien und Projekte entstanden, die „Blockchain-as-a-Service[181]" anbieten und andere Unternehmen beim Entwickeln, Testen und Bereitstellen von Anwendungen unterstützen. Zahlreiche Einsatzgebiete wurden bereits von der Blockchain-Technologie erobert und immer mehr Unternehmen bieten fertige, für spezielle Bereiche angepasste Lösungen an.

Die Entwicklung einer neuen Blockchain bietet Ihnen große Flexibilität und Freiheit bei der Zusammensetzung der gewünschten Funktionalitäten und Regeln, allerdings auf Kosten der Entwicklungszeit und Sicherheit, da Änderungen an den bereits bestehenden Lösungen zu Sicherheitslücken und Mängeln führen können. Ausgenutzt werden können diese zum Beispiel bei den so genannten 51-Prozent-Angriffen, bei denen ein Miner oder ein Miningpool über mehr als die Hälfte der gesamten Rechenkapazität (Hashrate) im Netzwerk verfügt und somit neue Blöcke erstellen und diese manipulieren kann. Wie eine Schwachstelle im Code ausgenutzt werden kann, zeigt zudem die Attacke auf das dezentrale autonome Netzwerk „The DAO", das mittlerweile nicht mehr existiert.

Da der Quellcode vieler Blockchain-basierter Systeme öffentlich ist, steht es Ihnen frei, diesen für eigene Blockchain-Anwendungen einzusetzen und entsprechend anzupassen. Bitcoin-, Ethereum- und Hyperledger-Systeme haben sich in der Blockchain-Szene gewissermaßen als Standards behauptet. Deren Quellcode dient gegenwärtig als Grundlage für viele weitere Lösungen. So wird eine separate und eigenständige Blockchain, die nicht auf eine bereits existierende Blockchain (z. B. Bitcoin) aufgesetzt wird, Alternative Chain oder kurz Altchain genannt.

Für eine bessere Vorstellung, welche Anwendungen auf Basis der Blockchain-Technologie möglich sind oder welche Bereiche von der Technologie profitieren können, sehen wir uns im nächsten Kapitel einige bereits existierende Blockchain-Projekte genauer an.

---

[180]Es besteht grundsätzlich die Möglichkeit, entweder eigene Miner zu haben oder ein Merged Mining zu betreiben. Im Rahmen des Merged Mining wird der Prozess vom Miner einer Blockchain für mehrere Systeme gleichzeitig betrieben [11]. Das heißt: Miner einer Blockchain erstellen Blöcke für mehrere andere Blockchains. Zum Beispiel werden die Blöcke der Namecoin-Blockchain von den Bitcoin-Minern gebaut. Dabei hat jede Blockchain ihren eigenen Schwierigkeitsgrad.
[181]Dafür wird oft eine Private Blockchain eingesetzt.

Literatur

1. G. Caronni, *Walking the web of trust*, (Proceedings IEEE 9th International Workshops on Enabling Technologies: Infrastructure for Collaborative Enterprises (WET ICE 2000)), pp. 153–158
2. S. De Angelis, L. Aniello, R. Baldoni, F. Lombardi, A. Margheri, V. Sassone *PBFT vs Proof-of-Authority: Applying the CAP Theorem to Permissioned Blockchain*, (2018)
3. R. Guha, R. Kumar, P. Raghavan, A. Tomkins *Propagation of trust and distrust*, (Proceedings of the 13th international conference on World Wide Web, ACM, 2004), pp. 403–412
4. S. D. Lerner, *Rootstock – Bitcoin powered Smart Contracts*, (the-blockchain.com, 2015)
5. N. Szabo, *Formalizing and securing relationships on public networks*, (First Monday, 2.9, 1997)
6. N. Azimdoust in *Blockchainwelt – ERC-20 Token Standard einfach erklärt, April 2019*, https://blockchainwelt.de/erc20-token-ethereum-einfach-erklaert/. Besucht am 04.09.2019
7. A. Back, M. Corallo, L. Dashjr, M. Friedenbach, G. Maxwell, A. Miller, A. Poelstra, J. Timón, P. Wuille in *Enabling blockchain innovations with pegged sidechains*, http://www.opensciencereview.com/papers/123/enablingblockchain-innovations-with-pegged-sidechains, 2014
8. *Blockgeeks – Blockchain Glossary: From A–Z*, https://blockgeeks.com/guides/blockchain-glossary-from-a-z/. Besucht am 01.12.2019
9. *Blockgeeks – Smart Contracts: The Blockchain Technology That Will Replace Lawyers*, https://blockgeeks.com/guides/smart-contracts/. Besucht am 01.12.2019
10. V. Costea in *Bitcoin Magazine – Video Interview: Giacomo Zucco and RGB Tokens Built on Bitcoin, August 2019*, https://bitcoinmagazine.com/articles/video-interview-giacomo-zucco-rgb-tokens-built-bitcoin. Besucht am 03.09.2019
11. *CryptoCompare – What is merged mining – Bitcoin & Namecoin – Litecoin & Dogecoin*, https://www.cryptocompare.com/mining/guides/what-is-merged-mining-bitcoin-namecoin-litecoin-dogecoin/. Besucht am 01.12.2019
12. *Github – Colored Coins Protocol Specification*, https://github.com/Colored-Coins/Colored-Coins-Protocol-Specification/wiki/Introduction. Besucht am 01.12.2019
13. *GitHub – Ethereum – A Next-Generation Smart Contract and Decentralized Application Platform*, https://github.com/ethereum/wiki/wiki/White-Paper. Besucht am 03. Mai 2019
14. *GitHub – Ethereum – EIPs – EIP-20*, https://github.com/ethereum/EIPs/blob/master/EIPS/eip-20.md. Besucht am 03. September 2019
15. K. Li in *Hackernoon – Ethereum's ERC-20 Tokens Explained, Simply, Oktober 2019*, https://hackernoon.com/ethereums-erc-20-tokens-explained-simply-88f5f8a7ae90. Besucht am 20.10.2019
16. *Oraclize.it – Ethereum Proof of Identity*, http://dapps.oraclize.it/proof-of-identity/. Besucht am 14.10.2017
17. *Parity Technologies – Wiki – Proof-of-Authority Chains*, https://wiki.parity.io/Proof-of-Authority-Chains. Besucht am 06. Oktober 2019
18. *Provable Things Blog – Oraclize*, https://miro.medium.com/max/2595/1*tALcsDaIv9azVdTMyAGlwA.png. Besucht am 01.12.2019
19. *StackExchange*, http://ethereum.stackexchange.com/questions/3336/what-is-the-difference-between-a-smart-contract-and-a-dao/4240. Besucht am 01.12.2019

Projekte und Einsatzbereiche der Blockchain-Technologie

6

Zusammenfassung

Für eine bessere Vorstellung, welche Anwendungen auf Basis der Blockchain-Technologie möglich sind oder welche Bereiche von der Technologie profitieren können, sehen wir uns in diesem Kapitel bereits existierende Blockchain-Projekte an. Bitte beachten Sie, dass die hier genannten Projekte oder Unternehmen nur Beispiele sind, die lediglich der Veranschaulichung der Ideen und möglichen Umsetzungen dienen.

Es ist erstaunlich, mit welcher Geschwindigkeit sich die Blockchain-Technologie in einem Jahrzehnt verbreitet hat. Durch zahlreiche Projekte und intensive Forschung hat die Blockchain-Technologie eine rasche Entwicklung vom ursprünglichen Einsatzbereich einer Kryptowährung oder eines dezentrales Registers zu einer programmierbaren dezentralen Vertrauensinfrastruktur durchgemacht. So dürfte es derzeit wohl kaum einen Einsatzbereich mit dezentraler Infrastruktur geben, in dem noch keine Blockchain-Einführung versucht wurde. Wissenschaft, Medizin (mehr zu dem Thema „Blockchain in der Medizin" finden Sie im Buch von E. Böttinger und J. zu Putlitz „Die Zukunft der Medizin" im Kapitel „Die Zukunftspotenziale der Blockchain-Technologie" [1]), Identitätsmanagement, Cloud Computing, Cloud Storage, Internet of Things, Finanzwesen, Versicherungsbranche, Logistik, Einzelhandel, Energieversorgung – diese und weitere Sektoren sind Nutznießer. Zahlreiche Startups wurden gegründet, die Blockchain als Gesamtlösung oder Teil einer Lösung anbieten und dabei entweder eine bestehende Blockchain nutzen (z. B. Bitcoin oder Ethereum) oder eine eigene Blockchain entwickeln. Aber auch Unternehmen mit entwickelten Infrastrukturen und eingeführten Produkten und Services wie IBM, Microsoft, Samsung, SAP, Intel und viele andere arbeiten längst mit dieser Technologie und starten neue Projekte.

Natürlich dürfen wir nicht vergessen, dass nicht jedes neue Blockchain-Projekt von Erfolg gekrönt war. Wir möchten hier jedoch keine Zahlen nennen, da bei solchen Statistiken oft auch Pseudo-Blockchain-Projekte mitgezählt werden. So wirkt der Hype um die Blockchain-Technologie nicht nur als Entwicklungstreiber, sondern ist gleichzeitig auch die häufigste Ursache für zahlreiche Misserfolge. Oft sind die Planungs- sowie Entwicklungsphasen vieler Projekte, die auf Trend-Technologien setzen, extrem verkürzt. Dies geschieht mit der Absicht, das Produkt schnellstmöglich in den Markt zu bringen und von dem Hype zu profitieren. Bei einer solchen Herangehensweise spielen mangelndes Verständnis der Technologie sowie das Unterschätzen des Themas Sicherheit eine gravierende Rolle. Daher ist es ratsam, sich entweder erst der Problemstellung zu widmen und dann nach einer passenden Technologie zu suchen, oder sich vorerst zumindest mit der Technologie auseinanderzusetzen und sich deren Stärken zunutze zu machen.

Ob ein UTXO- oder ein Account-basiertes Modell verwendet werden soll, hängt zuvorderst nicht vom Einsatzgebiet der Blockchain-Technologie, sondern von der konkreten Problemstellung ab. Dabei sollten Sie auf die Schwerpunkte und Eigenschaften des jeweiligen Modells achten, die Ihrem Konzept entsprechen.

Lassen Sie uns also die Vorteile eines Systems aus zahlreichen Teilnehmern, die weder Vertrauen zu anderen Teilnehmern noch zu weiteren Mittelsmännern haben und mit dem System interagieren möchten, in folgende Anwendungsfälle zusammenfassen:

- Nachverfolgung des Wertebesitzes.
  Beim Kauf und Verkauf von Gemälden auf Auktionen lassen sich beispielsweise Herkunft, Vorbesitzer und gegenwärtiger Besitz einfach nachweisen (wann, wo, von wem gekauft?).
- Gemeinsames Verfügen über bestimmte Werte (Multi-Signature).
- Stimmabgaben.
  FollowMyVote bietet in Zusammenarbeit mit BitShares eine auf der Blockchain basierende Abstimmungsplattform. Das System gewährleistet die Sicherheit, dass abgegebene Stimmen nicht von Dritten geändert werden können, sowie Transparenz und Flexibilität.
- Automatisierte Verträge.
  Z. B. für die Buchung und Vermietung von privaten Unterkünften sowie die Vermietung von Autos und Fahrrädern.
- Spiele, unter anderem Glücksspiele.
- Identitäts- und Reputationssysteme.
  Da durch neue Technologien, zum Beispiel tragbare Geräte wie Fitnessarmbänder oder Smartwatches, immer mehr neue Gesundheitsdaten generiert werden, ist der Vorteil nicht zu unterschätzen, dass diese sicher und digital gespeichert werden – mit beschränkten Zugriffsrechten auf bestimmte Daten. Ein smartes Profil kann im Gesundheitswesen den Patienten zudem die Möglichkeit geben, über die Freigabe eigener Daten selbst zu entscheiden. Darüber hinaus ist es zum Beispiel möglich, über die Blockchain die anonymisierten Daten mit Forschern (Public Research Repository) zu

6 Projekte und Einsatzbereiche der Blockchain-Technologie

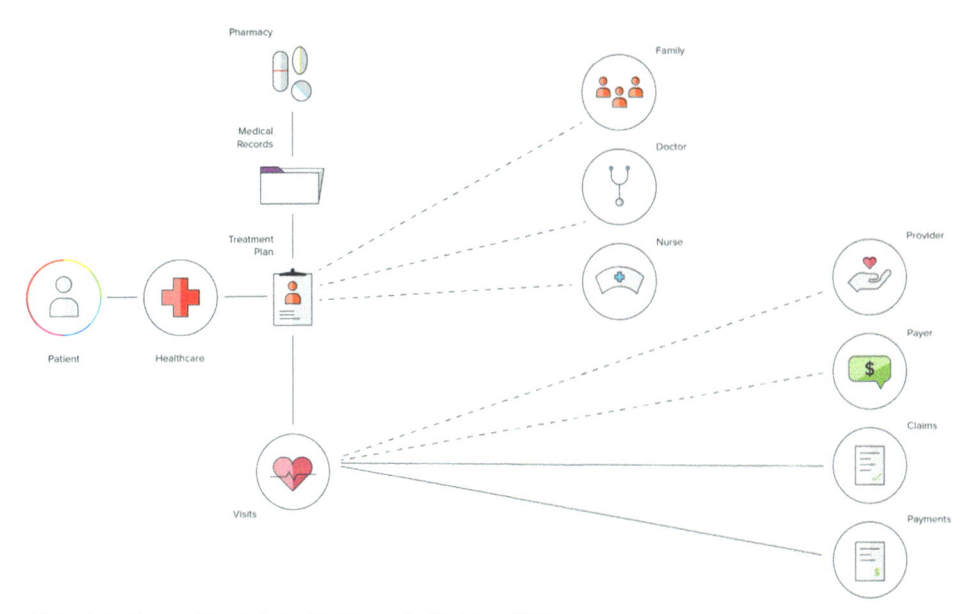

Abb. 6.1 Gem – Blockchain für Gesundheitsdaten [32]

teilen, mehr über die eigene Erkrankung zu erfahren, mit anderen Erkrankten zu kommunizieren, Spendenakquisition bzw. Crowdfunding zu betreiben und Verschreibungen und Rechnungen digital im Überblick zu behalten [21]. Beim Blockchain-Technologie-Treffen „Consensus 2017" im Mai 2017 in New York hat das in Los Angeles ansässige Start-up-Unternehmen Gem das erste Blockchain-Produkt für das Management von Gesundheitsdaten vorgestellt (Abb. 6.1) [32].

- Dezentrale Märkte.
Beispielsweise nutzt OpenBazaar die Blockchain-Technologie für den P2P- Online-Handel. Nutzer können als Käufer oder Verkäufer agieren und die erworbene Ware in Bitcoins, Bitcoin Cash, Litecoin oder Zcash bezahlen. Abgesichert werden Kauf und Verkauf durch einen 2-of-3 Multi-Signature-Smart-Contract. Wenn sich Käufer und Verkäufer über das Produkt und den Preis einig sind, sendet der Käufer das Geld an die Smart-Contract-Adresse. Wenn das Geschäft erfolgreich verlaufen ist, sodass Käufer und Verkäufer zufrieden sind, gibt der Käufer das Geld für den Verkäufer frei (beide signieren die Auszahlungstransaktion der Multi-Signature-Adresse). Ist einer der beiden Geschäftspartner unzufrieden (die Ware wurde nicht geliefert oder der Käufer hat nicht bezahlt), schaltet sich ein Moderator in die Kommunikation ein. Dieser verfügt über den dritten privaten Schlüssel für die Multi-Signature-Adresse [44, 45].

- Dezentrale Datenspeicher oder Datenverarbeitung.
Hier würde der eine oder andere Leser einwenden, dass es in diesem Bereich vor allem um Effizienz geht und die Anbieter mit den zentral verwalteten Lösungen den Blockchain-Lösungen mit den aktuellen Einschränkungen in Sachen Skalierbarkeit

stark überlegen sind. In der Tat existieren heutzutage Unmengen von Cloud-Lösungen (Cloud-Speicher und Cloud-Computing) und die Marktführer sind „Giganten" wie Amazon, Microsoft, IBM und Google [30]. Oft bezahlen die Nutzer bei solchen Lösungen mit ihren Daten. Daher die Intention einer von einer zentralen Instanz unabhängiger P2P-Cloud-Lösung, in der die Nutzer des Systems ihre Ressourcen (Speicher- oder Rechenressourcen) anderen Nutzern zur Verfügung stellen und dafür belohnt werden. Viele Anbieter haben die Idee bereits zum Teil verwirklicht. Z. B. werden bei Cloud-Speicher-Lösungen die zu speichernden Dateien erst verschlüsselt, danach in kleinere Fragmente geteilt und erst dann werden diese Fragmente auf die Nutzer verteilt, die ihre Speicher-Ressourcen zur Verfügung gestellt haben. Die Informationen, wo z. B. die einzelnen Fragmente gespeichert wurden, so genannte Metadaten, werden oft zentral[182] gespeichert. Manche Anbieter bemühen sich auch bei den Metadaten, eine dezentrale Lösung anzubieten und überlassen die Entscheidung den Nutzern, ob sie ihre Metadaten lokal aufbewahren oder bei einem Cloud-Speicher-Anbieter ihrer Wahl extern speichern wollen (ein Beispiel dafür ist Storj [58, 59]). Die Blockchain-Technologie, vor allem Blockchain 2.0, bietet zahlreiche Vorteile für so eine Art Lösung. Z. B. kann die Verwaltungsebene (wo und wie die Fragmente der Dateien gespeichert werden sollen und wer und in welchem Maße entlohnt werden soll usw.) solcher Lösungen mit ihrer Hilfe dezentral gestaltet werden.
- Dezentrale autonome Organisationen.

Wie bereits skizziert, sind durch die Blockchain-Technologie sogenannte dezentrale autonome Organisationen (DAO) möglich. Das heißt: Die Organisation hat weder einen Geschäftsführer, noch eine andere zentrale Führungsinstanz oder einen Firmensitz, sondern besitzt stattdessen eine dezentrale Struktur mit automatisierter Entscheidungsfindung nach festgelegten Regeln. Diese werden durch Mehrheitsentscheidungen der involvierten Teilnehmer aufgestellt und stetig weiterentwickelt [24]. DAOs kaufen gemäß ihren Smart Contracts Produkte und Dienstleistungen bei dritten Parteien ein, den sogenannten Contractors. Bezahlt wird in der Kryptowährung. Die Contractors produzieren in Anlehnung an die Spezifikation ihre Produkte und Dienstleistungen, die wiederum von der DAO benutzt oder vermarktet werden. Mit der Vermarktung dieser Produkte und Dienstleistungen verdient die DAO wiederum Geld, das reinvestiert oder an ihre Anteilseigner aufgeteilt werden kann [41]. Die erste dezentrale autonome Organisation hieß „The DAO" und hat nur weniger als ein Jahr existiert. Sie war durch einen Fehler im Code manipulierbar. Nach mehreren Software-Updates, die den Fehler und die Folgen des Angriffs beheben sollten, wurde „The DAO" eingestellt [33].

---

[182]Ein gutes Beispiel dafür ist die Bdrive-Lösung [5] von der Bundesdruckerei, mit dem Unterschied, dass die verschlüsselten und authentisierten Datenfragmente nicht auf die Nutzer, sondern auf unabhängige Cloud-Speicherdienste verteilt werden, die ISO-zertifiziert sind und deren Rechenzentren in Deutschland betrieben werden [6].

Soziale Netzwerke und die freie Presse profitieren ebenfalls von der Blockchain-Technologie. Steemit ist eine Blockchain-basierte Social-Media-Plattform. Die Nutzer der Plattform publizieren dort ihre Inhalte (z. B. Nachrichten) und werden von anderen Nutzern dafür in der eigenen Kryptowährung belohnt [57]. Karma, All.me, Minds und viele andere sind weitere Blockchain-basierte Projekte aus dem Bereich Soziale Netzwerke.

Eine weitere Blockchain-Lösung richtet sich nicht nur auf eine bestimmte Zielgruppe, sondern sieht sich als eine Personen-Schicht in einer technischen Architektur (in einem dezentralen Protokollstack). Das Colony-Protokoll ist ein Ethereum Smart Contract und ermöglicht Entwicklern, dezentrale und selbstregulierende Arbeitseinteilung, Entscheidungsfindung und Finanzmanagement in ihre Anwendungen zu integrieren. Das bedeutet: Dank der Colony-Lösung können pseudonyme und dezentrale Organisationen entstehen, deren Mitarbeiter aus der ganzen Welt kommen, sich für ein oder mehrere Projekte digital zusammenschließen und nach ihrem Einsatz belohnt werden [22].

Das Unternehmen Peerism wiederum konzentriert sich auf Kompetenzen und Fertigkeiten einzelner Personen, fügt diesen sogenannte Kompetenz-Tokens[183] hinzu und hat als Ziel, die Personen mit bezahlten Jobs/Aufträgen zusammenzubringen.

Die größten Hotspots der Blockchain-Unternehmen sind im internationalen Vergleich die USA und China, gefolgt von Großbritannien, Singapur und Südkorea [19].

Das Thema Blockchain wird nicht nur von einzelnen Unternehmen verfolgt, sondern mehrere Länder widmen sich dem Thema auf nationaler Ebene. In Deutschland wurde am 29. Juni 2017 ein Blockchain-Bundesverband mit Sitz in Berlin gegründet. Er hat mehr als 20 Arbeitsgruppen und veröffentlichte im Oktober selben Jahres ein Positionspapier mit Handlungsempfehlungen, um Deutschland zu einem Global Player im weltweiten Blockchain-Ökosystem zu machen [15].

Zwei Jahre später, im September 2019, hat die Bundesregierung eine umfassende Blockchain-Strategie herausgebracht. Diese Strategie soll zur digitalen Souveränität sowie Wettbewerbsfähigkeit Deutschlands und Europas beitragen und die bereits angestoßene digitale Transformation im Land unterstützen. Dabei wird vor allem auf die Schaffung der investitions- und wachstumsorientierten Ordnungsrahmen für die Entwicklung und den Einsatz der Blockchain-Technologie geachtet. So sieht die Strategie diverse Maßnahmen vor, um vorerst die „Tauglichkeit" der Blockchain-Technologie zu untersuchen. Zum Beispiel wird das Thema in bereits laufende Initiativen für digitale Transformation integriert, es sollen Reallabore und ein runder Tisch zum Thema Blockchain entstehen, außerdem sollen zahlreiche Studien ausgeschrieben werden.

Diese Maßnahmen sind in den fünf folgenden Handlungsfeldern vorgesehen:

- Stabilität sichern und Innovationen stimulieren. Durch Schaffung eindeutiger und stabiler gesetzlicher und rechtlicher Rahmenbedingungen möchte die Bundesregierung

---

[183] Engl. Skill-Tokens.

Investitionen in digitale Technologien anstoßen und die Stabilität des Finanzsystems wahren. So wird die Bundesregierung einen Gesetzesentwurf zur Regulierung des öffentlichen Angebotes bestimmter Krypto-Token veröffentlichen. Dabei müssen die Krypto-Token-Anbieter vor der Veröffentlichung ihres Angebotes erst ein nach den gesetzlichen Vorgaben erstelltes Informationsblatt bei der Bundesanstalt für Finanzdienstleistungsaufsicht (BaFin) genehmigen, welches dann veröffentlicht werden muss. Gleichzeitig sollen auch Anbieter von Krypto-Verwahrgeschäften und von Dienstleistungen im Zusammenhang mit besonderen Kryptowerten geldwäscherechtlich Verpflichtete werden. Bereits heute benötigen Dienstleister in Deutschland, die den Umtausch von Kryptowährungen in andere Kryptowährungen und von Kryptowährungen in Fiatwährungen anbieten, als Finanzdienstleistungsunternehmen eine Erlaubnis der BaFin. Sie sind zugleich verpflichtet, geldwäscherechtliche Vorschriften einzuhalten. Die Bundesregierung möchte die Stabilität des Finanzsystems auch durch das Meiden von so genannten Stablecoins[184] wahren. Sie will sich auf europäischer und internationaler Ebene dafür einsetzen, dass diese Coins keine Alternative zu staatlichen Währungen werden [17].

- Innovationen ausreifen. Zu diesem Zweck werden Projekte und Reallabore aus konkreten Einsatzbereichen gefördert. Und zwar Energie, Recht, Logistik, Produktion, Verifikation von Hochschulbildungszertifikaten und Verbraucherschutz. Eine konkrete Maßnahme im Bereich Energie ist die Pilotierung einer Blockchain-basierten Energieanlagenanbindung von der Bundesregierung. Im Bereich des Rechtswesens fördert die Bundesregierung ein „Industrie 4.0 Recht-Testbed". Hierfür wird eine Testumgebung zur Entwicklung sicherer digitaler Geschäftsprozesse aufgebaut. Der Schwerpunkt wird dabei auf rechtliche Fragen zu Smart Contracts in der Maschine-zu-Maschine-Kommunikation gesetzt. Die Testumgebung ist vorerst für die Bereiche Logistik und Produktion vorgesehen. Mit einer weiteren Fördermaßnahme „Industrie 4.0 – Kollaborationen in dynamischen Wertschöpfungsnetzwerken" möchte die Bundesregierung untersuchen, ob und wie der Einsatz von Blockchain-Technologie zur Transparenz in Liefer- und Wertschöpfungsketten beitragen kann. Hierbei wird ein Schwerpunkt auf Unternehmenskooperationen (Smart Contracts) und Prozessdatenübertragung gelegt. Der Einsatz von Blockchain-Lösungen zur Verifikation von Kompetenznachweisen (Zeugnisse, ECTS) wird zunächst in den Kontexten internationale Studierendenmobilität und berufliche Abschluss- und Weiterbildungszeugnisse von der Bundesregierung geprüft und im gegebenen Fall gefördert. Die Bundesregierung plant solche Eigenschaften der Blockchain-Technologie, wie Transparenz und Dezentralität, im Bereich Verbraucherschutz zu nutzen. Im Hinblick darauf wird die Bundesregierung

---

[184] Stablecoins sind, wie der Name bereits verrät, Kryptowährungen mit geringer Volatilität, also stabilen Preisen, bemessen in Fiatwährung. Dies wird erreicht durch das Koppeln der Kryptowährung an ein Gut mit stabilem Wert, z. B. Gold oder eine Fiatwährung wie Euro [7].

Blockchain-Anwendungen entwickeln und fördern, die zum Verbraucherschutz zum Beispiel in der Lebensmittelkette beitragen [17].
- Investitionen ermöglichen. Die Bundesregierung möchte durch die Gestaltung klarer Rahmenbedingungen (Entwicklung von Standards, Möglichkeit von Zertifizierungen und Beachtung der IT-Sicherheitsanforderungen) für den Einsatz und die Nutzung der Blockchain-Technologie hinreichend Investitionssicherheit für Unternehmen und Organisationen bieten. Daher plant die Bundesregierung die Möglichkeiten zur Einführung akkreditierter Zertifizierungsverfahren zu untersuchen, die auf freiwilliger Basis von Herstellern/Anbietern genutzt werden können. Die Bundesregierung möchte unter anderem die Durchsetzbarkeit von Recht in Blockchain-Strukturen untersuchen. Z. B. ob die Blockchain-Technologie im Rahmen der Beweisführung[185] eingesetzt werden kann oder zur Administration von urheberrechtlich geschützten Inhalten.[186] Außerdem hat die Bundesregierung vor, sich mit den rechtlichen Rahmenbedingungen für Dezentrale Autonome Organisationen (DAO) zu befassen und die Entwicklung solcher digitaler Innovationen zu unterstützen. Zudem stellt sich die Bundesregierung weiteren rechtlichen Fragestellungen und plant das Potenzial der Blockchain-Technologie für eine internationale Schlichtungsstelle und für die Identifizierung von natürlichen oder juristischen Personen im Zulassungswesen zu untersuchen. Die Bundesregierung möchte sich in die Entwicklung von Standards auf internationaler Ebene einbringen und sich für die Verwendung von offenen Schnittstellen einsetzen [17].
- Technologie anwenden. Die komplette Überschrift dieses Punktes lautet „Technologie anwenden: Digitalisierte Verwaltungsdienstleistungen". Dieser Punkt wird den Leser aber eher enttäuschen, da der Inhalt dies kaum widerspiegelt. Es werden wenig konkrete Projekte gestartet, die die Absicht einer durchdachten Digitalisierungsstrategie der Verwaltungsinfrastruktur zeigen würden. Es werden weitere Ansätze und Möglichkeiten der Blockchain-Technologie untersucht und erprobt und das Thema in bestehenden Digitalisierungsinitiativen integriert. Konkret befasst sich die Bundesregierung in diesem Punkt mit den digitalen Identitäten auf Blockchain-Basis, so genannten „Self-Sovereign Identitys" (mehr zu dem Thema „Self-Sovereign Identity" im Abschn. 6.2). Und zwar wird sie prüfen, ob diese einen Mehrwert gegenüber bestehenden Lösungen bieten. Die Blockchain-Strategie der Bundesregierung beruht auf Informationen, die aus einer Online-Konsultation mit zahlreichen Unternehmen und Organisationen gewonnen worden sind. Im Rahmen dieser Konsultation kam eine geteilte Meinung zu einer staatlichen Infrastruktur für Blockchain-Anwendungen auf, die Unternehmen und Organisationen bei der Entwicklung von spezifischen Anwendungen unterstützen soll. Die Gegner dieser Idee sehen den Staat nicht als

---

[185] Wie können Daten aus einer Blockchain zur Nachweisführung an Gerichte oder etwaige Prüfinstanzen übermittelt werden können [17].

[186] Z. B. für komplexe Werke mit vielen Mitwirkenden wie beim Film oder in der Musikindustrie [17].

geeigneten Akteur beim Aufbau einer Blockchain-Infrastruktur. Dafür werden die infrastrukturellen Aktivitäten des Staates mit der Hoffnung verbunden, Standards für die Interoperabilität zu setzen und Governance-Strukturen für dezentrale Netzwerke zu etablieren. Leider wünscht sich die Bundesregierung, dass erst die Kommunen die ersten Blockchain-Infrastrukturen aufbauen und somit Grundlagen schaffen, um die Blockchain-Technologie zur Umsetzung von Verwaltungsdienstleistungen in Betracht zu ziehen. Dies widerspricht dem Wunsch nach Interoperabilität und flächendeckender Blockchain-Infrastruktur. Stattdessen beteiligt sich die Bundesregierung am Aufbau der Europäischen Blockchain Services Infrastruktur (EBSI). Diese wird durch die Europäische Blockchain-Partnerschaft vorangetrieben, in der Deutschland ein Mitglied ist. Zu den ersten Anwendungsfällen zählen der Austausch von Zeugnissen und ein Blockchain-basiertes Register des Europäischen Rechnungshofes. Weiterhin möchte die Bundesregierung Leuchtturmprojekte zum Thema Blockchain-Technologie in der Verwaltung fördern und öffentlichkeitswirksam unterstützen. Weiter plant die Bundesregierung den Einsatz der Blockchain-Technologie in den folgenden Anwendungsfällen zu untersuchen: mögliche Anwendungsfälle in Bezug auf Verwaltungsleistungen, bei denen von der Schriftform und dem persönlichen Erscheinen abgewichen werden kann; die Zuordnung von digitalen Gültigkeits-Token zu Urkunden und öffentlichen Dokumenten für ihre digitale Verifikation; Blockchain-basierte Anwendungen für eine effizientere und transparentere Zollwertbestimmung von E-Commerce-Transaktionen in Drittländern; Fahrzeugdaten beinhaltende Systeme miteinander zu verknüpfen, insbesondere im Hinblick auf die Administrierung von Verfügungsberechtigungen über Kraftfahrzeuge [17].

- Informationen verbreiten. Laut Online-Konsultation [18] gaben 43 Prozent der befragten Entscheider aus deutschen mittelständischen Unternehmen in einer Online-Umfrage des Statistischen Bundesamts (2017) an, keine Einsatzmöglichkeiten der Blockchain zu kennen. 18 Prozent der Befragten gaben wiederum an zu wissen, dass die Blockchain-Technologie für die Verwaltung der Echtheitszertifikate eingesetzt werden kann. In der Online-Konsultation [18] bestätigt die Bundesregierung, dass trotz der weiten Verbreitung der Blockchain-Technologie eine große Lücke klafft zwischen dem Blockchain-Wissen innerhalb der Blockchain Community einerseits und mittelständischen Unternehmensführungen sowie in der allgemeinen Bevölkerung. Daher plant die Bundesregierung mit einer verstärkten Förderung, die Zahl neuer, offenerer Kooperationsformen von Unternehmen wie auch von Akteuren der Zivilgesellschaft mit Einrichtungen der Wissenschaft deutlich zu steigern. Da sich laut Bundesregierung insbesondere für KMU komplexe Anwendungsfälle ergeben, bei denen die Blockchain-Technologie sinnvoll zum Einsatz kommen kann, fördert sie im Rahmen der bestehenden Initiativen (Digital-Hub-Initiative und Mittelstand-4.0-Kompetenzzentren) den Austausch zwischen KMU, Start-ups, Großunternehmen und weiteren relevanten Organisationen. Besonderen Mehrwert der Blockchain-Technologie sieht die Bundesregierung im rechtssicheren Zugang zu Daten und deren Weiterverwendung, vor allem im Energiesektor (Erzeuger- und Verbrauchsdaten für Forschung, Wirtschaft und

6 Projekte und Einsatzbereiche der Blockchain-Technologie

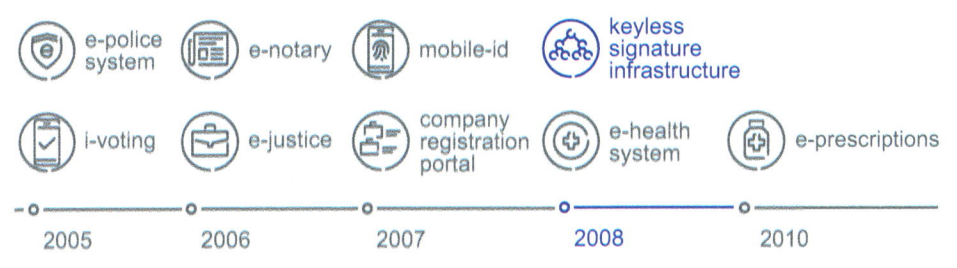

Abb. 6.2 Estlands Digitalisierungsweg [27]

Gesellschaft). Daher prüft die Bundesregierung, ob das DSGVO-konform ist und plant ein Pilotprojekt zur Erprobung einer Datenplattform zu starten, das die Herkunft und die Konzentration von CO_2 in einem Stadtgebiet visualisiert [17].

Die Bundesregierung gibt an, die Blockchain-Strategie in regelmäßigen Abständen zu überprüfen und weiter zu entwickeln. Im Anhang zu der Strategie ist eine Maßnahmentabelle zu finden, wo die einzelnen Maßnahmen mit den entsprechenden Verantwortlichen aufgelistet sind. Leider ist diese Tabelle ohne Zeitangaben wenig nutzbringend.

In Europa gehört Estland zu den Vorreitern und nennt sich „e-Estonia". Bereits seit 1999 arbeitet das estnische Kabinett papierlos [2] (siehe Abb. 6.2). Seit Entstehung der Technologie im Jahr 2008 experimentiert die estnische Regierung mit der Blockchain. Seit 2012 ist die Blockchain laut eigenen Angaben [27] in vielen Registern Estlands, so im Gesundheitswesen, im parlamentarischen Raum, in der Justiz und im Bereich der Sicherheitsbehörden, eingeführt. Estland nutzt eine von der estnischen Firma Guardtime entwickelte KSI-Blockchain [28, 34]. Diese Technologie wird ebenfalls von der NATO, dem US-Verteidigungsministerium und den EU-Informationssystemen für Cyber-Sicherheit genutzt [27]. Es lässt sich über die Blockchain-Definition im Rahmen der KSI-Blockchain streiten, ob es sich um eine Private Permissioned Blockchain handelt oder eine Technologie, die kryptographische Hash-Funktionen nutzt, um Daten/Informationen miteinander zu verknüpfen (Linked Timestamping) [34].

Interesse an der Blockchain-Technologie zeigt unter anderem auch Schweden. Bereits seit dem Jahr 2017 ist dort ein Blockchain-basiertes[187] Grundbuch im Einsatz [14]. Auch die Niederlanden möchten im Bereich der Blockchain-Technologie eine internationale Führungsrolle übernehmen. Im März 2017 hat die Nationale Blockchain-Koalition der Niederlande (Dutch Blockchain Coalition[188]) dem niederländischen Wirtschaftsministerium einen umfassenden Maßnahmenplan vorgelegt [13, 26]. Nach zahlreichen Studien zu den Möglichkeiten der Blockchain-Technologie hat die DBC im Jahr 2019/2020 vor,

---

[187]Private Blockchain.

[188]DBC ist ein niederländisches Joint Venture zwischen Partnern aus Regierung, Wissenschaft und Industrie [26].

mit den vorausgewählten Anwendungsfällen („Self-Sovereign Identities",[189] Logistik, akademische Zertifikate und Diplome usw.) in die Praxis zu gehen [26].

Einen ausführlichen Überblick über die Blockchain-Projekte in Europa bietet das „European Union Blockchain Observatory and Forum". Dies ist eine Initiative der Europäischen Kommission [31].

Im Folgenden werden einige der Einsatzbereiche und Projekte detaillierter erläutert, in denen die Blockchain-Technologie bereits am stärksten Anwendung findet.

6.1 Finanzwesen

Der allererste und immer stärker an Bedeutung zunehmende Einsatzbereich der Blockchain-Technologie ist das Finanzwesen. Eine Vielzahl an Kryptowährungen ist seit der Bitcoin-Einführung entstanden, jedoch konnten sich nicht alle durchsetzen. Die aktuell bekannten und verbreiteten Kryptowährungen neben Bitcoin (Marktkapitalisierung ca. 158 Mrd. Euro[190]) sind:

- XRP von Ripple (Marktkapitalisierung ca. 8 Mrd. Euro[191]),
- Litecoin (Marktkapitalisierung ca. 3 Mrd. Euro[192]),
- XMR von Monero (Marktkapitalisierung ca. 1 Mrd. Euro[193]),
- Dash (Marktkapitalisierung ca. 700 Mill. Euro[194]).

Das US-Unternehmen Ripple ist seit 2013 im Finanzbereich aktiv, bietet Banken einen Blockchain-basierten[195] Echtzeit-Überweisungsservice und unterstützt unterschiedliche Fiat-[196] und Kryptowährungen.

Neben den Börsenunternehmen NASDAQ[197] in den USA und ASX[198] in Australien setzen bereits zahlreiche Finanzunternehmen auf die Blockchain-Technologie. In

---

[189] Mehr zu dem Thema „Self-Sovereign Identity" im Abschn. 6.2.
[190] Mai 2020.
[191] Mai 2020.
[192] Mai 2020.
[193] Mai 2020.
[194] Mai 2020.
[195] Private Blockchain.
[196] Fiatwährung oder Fiatgeld ist Geld, das durch keine Vermögenswerte gedeckt wird. Das Geld wird als Tauschmittel verwendet, hat aber keinen inneren Wert. Heutige Währungssysteme sind meist mit keinem Rohstoff gedeckt. Zum Beispiel wird von einer Zentralbank ausgestelltes Geld wie Euro oder Dollar als Fiat-Geld bezeichnet.
[197] NASDAQ – National Association of Securities Dealers Automated Quotations.
[198] ASX ist die australische Wertpapierbörse mit Sitz in Sydney.

diversen Bereichen sind zahlreiche Blockchain-Konsortien entstanden, unter anderem im Finanzsektor, deren Teilnehmer Finanzunternehmen sind. Das japanische Blockchain-Konsortium BCCC hat bereits über 200 Mitglieder [4]. Das Blockchain-Konsortium R3 mit dem Hauptsitz in New York zählt bereits über 300 Mitglieder [47]. Zurzeit experimentiert eine Vielzahl von Banken (z. B. Deutsche Bank, Santander, Commerzbank, usw.) mit der Technologie [42].

Der Großteil dieser Finanzdienstleistungsunternehmen interessiert sich für den Einsatz der Blockchain-Technologie, um den Transaktionsaustausch untereinander zu organisieren (z. B. die Möglichkeit des gemeinsamen Managements der KYC-Daten[199]). Einige von ihnen setzen die Blockchain-Technologie aber auch in Lösungen ein, die sie ihren Kunden anbieten (z. B. Wertpapierabwicklung). Blockchain-Lösungen im Finanzbereich sind vorwiegend Applikationen, die Smart Contracts einsetzen. Eine solche Lösung ist z. B. der Blockchain-Schuldschein der Daimler AG und der Landesbank Baden-Württemberg (LBBW) [25].

Neben den großen Akteuren der Finanzbranche wurden zahlreiche Start-ups gegründet, die anderen Unternehmen Blockchain-Lösungen im Bereich Finanzen anbieten. Das im Jahr 2015 gegründete und in London ansässige Blockchain-Unternehmen Clearmatics treibt zum Beispiel die Entwicklung der dezentralen Finanzmarktinfrastruktur (Decentralised Financial Market Infrastructure – dFMI) voran. Das Ziel dabei ist ein breiteres Ökosystem für den Wertetransfer zu schaffen, das kryptographisch sicher ist und ohne Finanzintermediäre funktioniert. Clearmatics arbeitet mit der Ethereum Foundation zusammen und ist ein aktives Mitglied der Ethereum Enterprise Alliance (EEA) [20].

6.2 Identitätsmanagement

Sicherlich kamen Sie bereits oft privat und beruflich mit dem Thema Identitätsmanagement[200] in Berührung und vor allem mit den damit verbundenen Herausforderungen. Immer wieder sind Sie gefordert, Ihre persönliche Daten (Name, Adresse, Telefonnummer, Kreditkartennummer usw.) preiszugeben, diese für jeden neuen Online-Dienst bei der Registrierung zur Verfügung zu stellen und darauf zu vertrauen, dass diese dort sicher gespeichert werden. Dazu kommen die Unmengen an Anmeldedaten, die Sie selbst sicher aufbewahren und verwalten müssen. So wäre es aus Nutzersicht viel sinnvoller,

---

[199] Know Your Customer.
[200] Digitale Identitäten, auch elektronische Identitäten umfassen sämtliche Vorgänge, bei denen sich Menschen, Objekte und Prozesse über bestimmte Attribute online authentisieren, um die eigene Identität zu belegen. Eine digitale Identität ist der Person, dem Objekt oder Prozess eindeutig zuordenbar. Digitale Identitäten gibt es in vielfältigen Ausprägungen: Die einfachste Möglichkeit, sich in einem Online-Account zu authentisieren, ist die Anmeldung über Benutzername und Passwort; Unternehmen nutzen häufig Mitarbeiterausweise, um ihren Beschäftigten Zugang zum Werksgelände oder speziellen Informationen zu gewähren [16].

unterschiedlichen Diensten partielle Berechtigungen für bestimmte Daten der digitalen Identität zuzuweisen, als für jeden neuen Dienst eine neue Identität zu erstellen.

Natürlich gibt es auch für dieses Problem zahlreiche Lösungen auf dem Markt. Diese müssen neben der Nutzerfreundlichkeit eine sichere Infrastruktur gewährleisten können. Lösungen, die Grundlagen für eine sogenannte nutzerzentrierte Identität (user-centric identity[201]) anbieten, wie etwa die OpenID-Methode oder OpenID Connect, erlauben den Nutzern, sich mit einer digitalen Identität bei diversen Onlinediensten anzumelden (authentifizieren und autorisieren), sofern diese unterstützt werden [3].

Eine interoperable digitale Identität, deren Freigabe für weitere Dienste die Zustimmung des Nutzers benötigt, bedeutet immer noch nicht, dass der Nutzer die vollständige Kontrolle über seine persönlichen Daten hat. Eine sogenannte Self-Sovereign Identity (SSI) geht über die nutzerzentrierte Identität hinaus und ermöglicht dem Nutzer, Herr über seine eigene Daten zu bleiben, zu entscheiden, wer einen Zugriff zu welchen persönlichen Daten haben darf, für wie lange, mit wem diese geteilt werden dürfen usw. Dies geht der Schaffung einer dezentralen Vertrauensinfrastruktur voran, die es dem Nutzer ermöglicht, die Aussagen über seine Identität (Adresse, Besitz eines gültigen Führerscheins, Kreditwürdigkeit, Mitgliedschaft in einem Schachklub, Abschluss einer Ausbildung, Rentner, usw.), so genannte Claims, beglaubigen und verifizieren zu lassen (siehe Abb. 6.3) [3].

Die Ideen und Grundsätze einer Self-Sovereign Identity (SSI) sind sehr gut in der Arbeit von Christopher Allen „The Path to Self-Sovereign Identity" definiert und beschrieben. Derzeit werden mehrere Standards für die Implementierung von SSI entwickelt. Die zwei bekanntesten Grundlagen für eine SSI, die zu Standards geworden sind, sind DID (Decentralized Identifier[202]) und Verifiable Credentials (verifizierbare Aussagen) vom W3C.[203] Weitere Standards sind DID Auth und DKMS (Decentralized Key Management System [68]). So können für eine SSI tausende DIDs erstellt werden, von denen jeder einen lebenslangen, verschlüsselten, vertraulichen Kanal mit einer anderen Person, einer Organisation oder einem Objekt herstellen kann. Sowohl DIDs als auch SSI machen zentrale Registrierungsstellen obsolet und basieren auf einer dezentralen Infrastruktur [3, 56]. Zahlreiche SSI-Projekte setzen Public oder Private Blockchains dafür ein. Andere sehen in der s. g. Distributed Ledger Technology (DLT) mehr Potenzial für eine Self-Sovereign Identity.

---

[201] Das nutzerzentrierte Design verwandelte zentralisierte Identitäten in interoperable föderierte Identitäten mit zentralisierter Kontrolle, wobei ein gewisses Maß an Zustimmung der Benutzer eingehalten wurde, wie und mit wem seine digitale Identität geteilt wird [3].

[202] DIDs sind URLs, die ein DID-Subjekt mit einem DID-Dokument verbinden. DID-Dokumente sind einfache Dokumente, die beschreiben, wie man diesen DID nutzen kann, z. B. welche Verifizierungsmethoden eingesetzt werden müssen [63].

[203] W3C – World Wide Web Consortium ist eine internationale Community, die sich mit der Entwicklung von Standards für das World Wide Web beschäftigt [64].

6.2 Identitätsmanagement

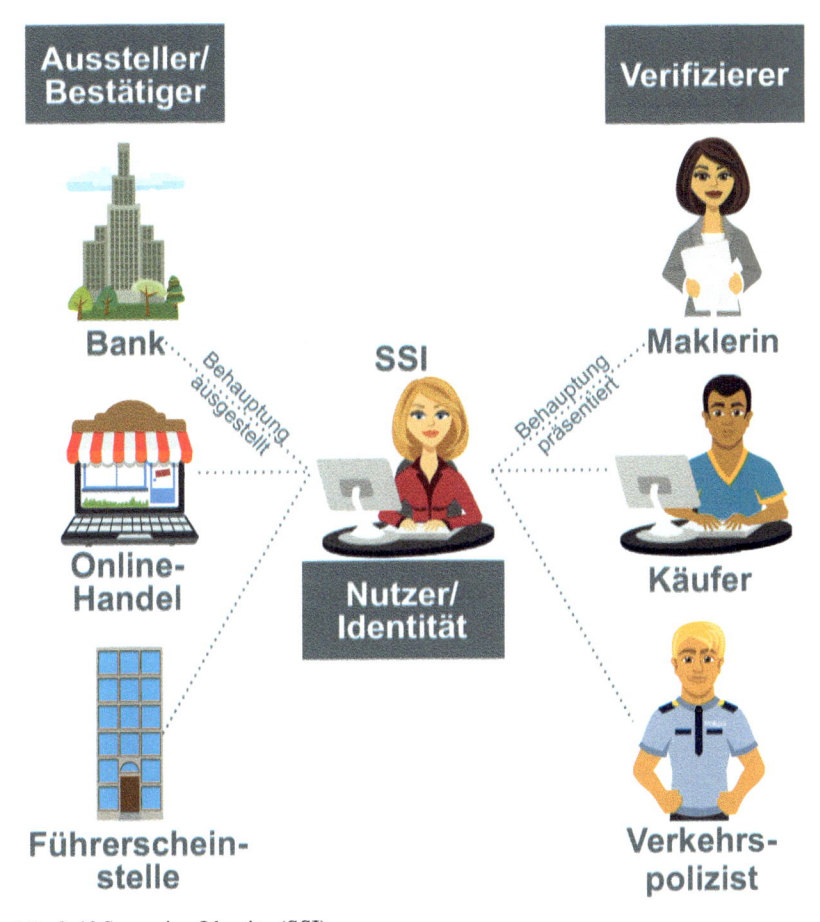

Abb. 6.3 Self-Sovereign Identity (SSI)

Diverse Onlinedienst-Anbieter passen den DID-Standard für ihre eigene Lösung an und entwickeln ihre eigene DID-Methode[204] (siehe Abb. 6.4). Diese werden in einem Register von W3C veröffentlicht und zusammengefasst [65].

So haben bereits diverse SSI-Anbieter ihre eigene Methode ins Register eingetragen, wie z. B. Sovrin [55], SelfKey [49], uPort [62], Jolocom [39]. Auch Blockstack hat seine DID-Methode veröffentlicht. Aktuell bietet der Blockchain-Identity-Anbieter Blockstack eine dezentrale Computing-Plattform für den Aufbau sicherer Anwendungen, die den Benutzern die Kontrolle über ihre Daten und Identität zurückgeben [10, 11].

Auch der Blockchain Bundesverband veröffentlichte am 15. November 2018 eine umfassende Stellungnahme zu dem Thema Self-Sovereign Identity. Diese diente als

---

[204]DID-Methode definiert die Art und Weise, wie ein DID und entsprechendes DID-Dokument aus einer Blockchain oder DLT gelesen und geschrieben werden kann [56].

```
did:sov:5aKn729z567uTP32165pJR
```
Schema Methode   Methodenspezifische ID

Abb. 6.4 DID-Syntax-Beispiel (W3C) [65–67]

Aufruf zum Handeln in Wirtschaft und Politik und zu einem globalen, universellen Identitäts-Framework beizutragen [8, 9].

6.3 Internet of Things

Neben den Personen verfügen auch Objekte und Prozesse über digitale Identitäten. So verfügt im Bereich des Internets der Dinge (Internet of Things – IoT) jedes Gerät über ein eigenes digitales Abbild, das es in einem Netzwerk eindeutig identifizierbar macht und so eine Interaktion mit anderen Geräten und Personen ermöglicht. Die IoT-Geräte sind in der Regel miniaturisierte Computer, die über diverse Sensoren, geringe Speicher- und Rechenressourcen und eine begrenzte Energieversorgung verfügen. Diese werden gewöhnlich mit einem leistungsstärkeren IoT-Hub, auch Gateway genannt, verbunden. Das Gateway ermöglicht dann die Verbindung der IoT-Geräte mit der Cloud, aus der heraus sie gesteuert werden. So fehlt es den „Smart"-Geräten an Autonomie. Hinzu kommt, dass die einzelnen IoT-Systeme unterschiedliche Cloud-Infrastrukturen nutzen, was eine flächendeckende P2P-Kommunikation erschwert [60].

Autonomie und Interoperabilität für eine P2P-Kommunikation ohne Mittelsmänner und zentrale Instanz ermöglicht aber die Blockchain-Technologie. So können IoT-Geräte z. B. eigene Ethereum-Accounts haben, von den Smart-Contracts gesteuert werden oder sie können selbst Smart-Contracts erstellen. Eine Herausforderung dabei besteht in den begrenzten Ressourcen der IoT-Geräte. Es ist für die meisten Geräte bereits problematisch, eine Applikation für leichtgewichtige Nutzer (lightweight nodes, wie im Abschn. 3.2 beschrieben) zu betreiben.

Das deutsche Unternehmen Slock.it bietet dafür eine Lösung und zwar einen Netservice-Client. Der Netservice-Client ist ein Teil des so genannten INCUBED-Netzwerks.[205] Diese Lösung ermöglicht die Anbindung von IoT-Geräten mit geringer Leistung an eine Blockchain[206] ohne zusätzliche Hardware oder nennenswerte Internet-Bandbreite vorauszusetzen [51–53].

---

[205] Trustless Incentivized Remote Node Network.

[206] Chain-agnostic: Ein einzelner Incubed-Client kann sich gleichzeitig mit mehreren Blockchains verbinden [53].

6.3 Internet of Things

Das erste Produkt des Unternehmens Slock.it war ein intelligentes Türschloss, das sich durch eine Smartphone-App öffnen lässt. Unternehmen wie Airbnb können in Zukunft von einer solchen Lösung profitieren. Slock.it bietet seine Erfahrungen und Lösungen aktuell in drei unterschiedlichen Anwendungsfällen, wie E-Charging Mobilität,[207] Energie[208] und Governance[209] [54].

Das Unternehmen Filament setzt ebenfalls Blockchain-Technologie in IoT-Lösungen ein. Schwerpunkt sind industrielle Anwendungen von IoT [38]. Dafür wird eigene sichere Hardware entwickelt, die erweiterte kryptographische Funktionen unterstützt und auch physisch geschützt ist. Solche Filament-Lösungen können z. B. für die Optimierung der Wertschöpfungs- und Lieferkette eingesetzt werden.

Die IBM-Lösung für diesen Anwendungsbereich heißt Watson IoT Platform und ermöglicht es, die von den IoT-Geräten gesendeten Daten in eine private Blockchain (Private Blockchain) zu übertragen [36].

Nach einem Blockchain- und IoT-Summit im Dezember 2016 schlossen sich mehrere bekannte Großunternehmen und Blockchain-Startups zusammen.[210] Gemeinsam wollen sie die Grundlagen dafür legen, dass IoT-Anbieter Kernfunktionen zur Verfügung stehen, die sie mit unterschiedlichen Blockchains nutzen können [50].

Ein Konsortium namens „Chain of Things" unterstützt die kollaborative Entwicklung von Open-Source-Standards für die Blockchain-Technologie im IoT-Bereich. Auf dieser Basis sind bereits drei Projekte entstanden:

- Chain of Security (sichere IoT-Anwendungen),
- Chain of Solar (ElectriCChain Solar Project: verbindet IoT- und Blockchain-Technologie für den Einsatz im Solarenergie-Sektor),
- Chain of Shipping (IoT- und Blockchain-Technologie im Kontext von Handel, Schifffahrt und Transport).

Die Kombination der IoT- und Blockchain-Technologie findet vor allem Einsatz in den Bereichen Energie und Logistik.

---

[207] Dabei geht es um einfaches und sicheres Bezahlen für das Laden von Elektroautos.

[208] Dabei geht es um einen vereinfachten Prozess der Verfolgung und Lieferung von erneuerbarer Energie an die Endverbraucher.

[209] Dabei geht es um ein Projekt mit Siemens, in dem die Siemens-Mitarbeiter über soziale Initiativen abstimmen können.

[210] Bosch, Cisco, Gemalto, Foxconn, Ambisafe, BitSE, Chronicled, ConsenSys, Distributed, Filament, Hashed Health, Ledger, Skuchain und Slock.it.

6.4 Energie

Da lokale Erzeuger erneuerbarer Energie ebenfalls betroffen sind, sobald herkömmliche Netzwerke versagen [35], werden Microgrids[211] notwendig, um lokalen Energiehandel betreiben zu können. Ein Microgrid in Verbindung mit der Blockchain- und IoT-Technologie macht einen lokalen Marktplatz für den Handel mit der lokal erzeugten erneuerbaren Energie möglich. So können Sie zum Beispiel überschüssig produzierte Stromerzeugnisse der Solaranlage (Energieeinheit wird zu einem Blockchain-Token) auf Ihrem Dach an Ihre Nachbarn verkaufen (anhand von Smart Contracts), ohne dabei auf irgendwelche Mittelsmänner angewiesen zu sein.

Das erste Projekt, das diese Idee verwirklicht hat, heißt Brooklyn Microgrid (BMG) und wurde vom Unternehmen LO3 Energy entwickelt und eingesetzt. Das System verbindet Haushalte im New Yorker Stadtteil Brooklyn, die Solaranlagen besitzen („Prosumer") mit Haushalten, die lokale Solarenergie kaufen wollen („Consumers") [12].

Das Brooklyn-Projekt hat Impulse für ein weiteres Projekt in Deutschland geliefert. Das Landau Microgrid Project (LAMP) ist ein Pilot- und Forschungsvorhaben des Karlsruher Instituts für Technologie (KIT) in Zusammenarbeit mit dem Energieversorger Energie Südwest AG und dem Unternehmen LO3 Energy. Im Rahmen des Projekts wird ebenfalls die Blockchain-Technologie für einen lokalen Handel der Stromerzeugnisse eingesetzt. 20 Haushalten wird eine Blockchain-basierte Handelsplattform zur Verfügung gestellt. Auf dieser kann der lokal erzeugte „grüne" Strom zwischen den Haushalten gehandelt werden. Über eine App erhalten die Teilnehmer Zugang zu ihren eigenen Stromverbrauchs- und -erzeugungsdaten und können ihre Preisvorstellungen für die lokal erzeugte Energie aus erneuerbaren Quellen angeben [40].

So beschäftigen sich ca. 60 Prozent aller Blockchain-Projekte und DLT-Projekte im Energie-Bereich mit dem Thema P2P-Microgrid-Netzwerk [23]. Weitere Blockchain-Lösungen konzentrieren sich ebenfalls auf den Handel mit Energieerzeugnissen, aber im B2C-Kontext (Business-to-Consumer), zum Beispiel die im früheren Kapitel angesprochene Lösung des Unternehmens Slock.it. Dabei geht es um eine App, die es den Nutzern ermöglicht, Ladestationen für Elektroautos in ihrer Nähe zu finden und über die Blockchain einfach und sicher zu bezahlen.

Weitere Blockchain-Lösungen im Energie-Sektor orientieren sich auf die Nachverfolgung und das Management der mit Energieerzeugung und -Verbrauch verbundenen Daten. Zum Beispiel das Projekt ElectriCChain vom Konsortium „Chain of Things". Ziel des Projekts ist es, die gegenwärtig zehn Millionen Solaranlagen in der ganzen Welt zu verbinden und die Echtzeitdaten an die Blockchain oder an einen Distributed Ledger zu schicken [29]. Das soll zum Beispiel Wissenschaftlern die Möglichkeit geben, die Solarstromerzeugungsdaten zu überblicken und zu analysieren. Im Rahmen des

---

[211] Microgrid ist ein Stromnetz, das Stromerzeuger und Stromverbraucher in einem Netz oder Teilnetz vereinigt, welches autark betrieben werden kann [70].

Projekts wird die Entwicklung offener Standards und Tools für das Schreiben und Lesen der Stromerzeugungsdaten in und von der Blockchain oder einem Distributed Ledger unterstützt.

6.5 Logistik

In Verbindung mit der IoT-Technologie gibt es mehrere Anwendungsmöglichkeiten in der Logistik. Besonders sensible Güter können etwa mit IoT-Geräten ausgestattet werden, die über notwendige Sensoren verfügen und die gesammelten Informationen weiter an die Blockchain senden (siehe Abb. 6.5). Das Unternehmen Modum.io bietet eine Lösung für die Nachverfolgbarkeit von Informationen über den Lagerungszustand (Temperatur, Feuchtigkeit) von Medikamenten während der gesamten Lieferkette (Supply Chain).

Die Logistik berührt mehrere Geschäftsfelder eines Unternehmens und erzeugt riesige Mengen an Informationen, die zwischen den in die Warenflüsse involvierten Parteien ausgetauscht werden. Heutzutage sind Supply Chains (Lieferketten) sehr komplex und umfassen viele Teilnehmer aus der ganzen Welt. Diese haben unterschiedliche Zugangsberechtigungen zu den Informationen und Aufgaben. So kann ein Blockchain-basiertes Supply Chain Management einem Unternehmen folgende Vorteile bringen:

- Ein kryptographischer Nachweis ersetzt Vertrauen – ein einfaches Zugangsberechtigungs- und Benutzermanagement wird möglich.
- Durch die sichere Protokollierung der Daten sowie die Transparenz der Inhalte sind Ausfallsicherheit, Fälschungssicherheit und Nachverfolgbarkeit der Daten garantiert.

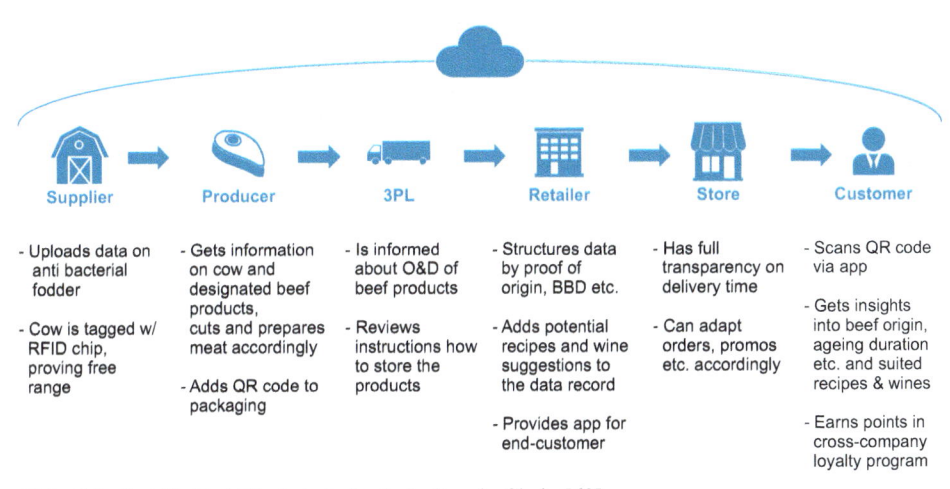

Supplier	Producer	3PL	Retailer	Store	Customer
- Uploads data on anti bacterial fodder - Cow is tagged w/ RFID chip, proving free range	- Gets information on cow and designated beef products, cuts and prepares meat accordingly - Adds QR code to packaging	- Is informed about O&D of beef products - Reviews instructions how to store the products	- Structures data by proof of origin, BBD etc. - Adds potential recipes and wine suggestions to the data record - Provides app for end-customer	- Has full transparency on delivery time - Can adapt orders, promos etc. accordingly	- Scans QR code via app - Gets insights into beef origin, ageing duration etc. and suited recipes & wines - Earns points in cross-company loyalty program

Abb. 6.5 End-To-End Blockchain-basierte Supply Chain [69]

- Ein dezentrales Teilnehmernetzwerk, Smart Contracts sowie Oracles können viele Zwischenhändler ablösen. Beim Passieren bestimmter Zielorte der Supply Chain können die in den Smart Contracts hinterlegten Konditionen geprüft und nach Notwendigkeit weitere Aufgaben/Funktionen aktiviert werden (Beispiel: Wenn alle Konditionen erfüllt sind, wird die Dienstleistung bezahlt).

IBM und Maersk[212] präsentierten am 9. August 2018 ihre Blockchain-basierte[213] Lösung für die Schifffahrts- und Logistikindustrie. Diese ermöglicht einen Austausch von Ereignissen und Dokumenten in Echtzeit entlang der gesamten Supply Chain mithilfe einer digitalen Infrastruktur. Durch eine klare Übersicht über alle einbezogenen Prozesse sowie einen sicheren Zugriff auf bestimmte Daten für bestimmte Nutzer wird ein nachhaltiger Transport gefördert [37, 61].

Foxconn, einer der weltweit größten Hersteller von Elektronik- und Computerteilen, entwickelte zusammen mit dem chinesischen Online-Kreditgeber Dianrong eine Blockchain-basierte Supply-Chain-Finanzplattform. Das Projekt konzentriert sich zunächst auf die Automobil-, Elektronik- und Bekleidungsindustrie. Dadurch sollen die Zahlungen und Transaktionen in der Supply Chain transparenter, überschaubar und einfacher authentifiziert werden. Mithilfe der Blockchain-Technologie sollen die Effizienz in der gesamten Supply Chain erhöht und durch die Einsparung von Drittanbietern die Kosten gesenkt werden. Die gesamte Supply Chain und nicht nur ihre Finanzflüsse soll auf Basis der Blockchain-Technologie abgewickelt werden. Wenn alle Transaktionen der Supply Chain einfacher zu validieren werden, wird die Effizienz des gesamten Ökosystems zunehmen [48].

Ein weiteres Blockchain-basiertes Projekt im Logistik-Bereich trägt den Name DELIVER und konzentriert sich auf Containerlogistik. Dieses entstand in einer Kooperation zwischen dem Hafenbetrieb Rotterdam, der niederländischen Bank ABN Amro und Samsung SDS (Logistik und IT-Zweig von Samsung). Dabei werden physische, administrative und finanzielle Ströme digital in die Supply Chain integriert [43, 46].

Transparente und nachverfolgbare Lieferketten sind vor allem für Endkunden von großer Bedeutung. Bereiche wie Pharmakologie, Textil- und Lebensmittelindustrie könnten dadurch das Vertrauen der Konsumenten zurückgewinnen.

Literatur

1. C. Meinel, T. Gayvoronskaya, A. Mühle, *Die Zukunftspotenziale der Blockchain-Technologie*, hrsg. von E. Böttinger, J. zu Putlitz. Die Zukunft der Medizin, Vol 1 (Medizinisch Wissenschaftliche Verlagsgesellschaft, Berlin, 2019), pp. 259–268

---

[212] Die weltweit größte Containerschiff-Reederei.
[213] Private Permissioned Blockchain. TradeLens nutzt die IBM Blockchain Plattform, die auf Hyperledger Fabric basiert.

2. *Adobe Blog – Wie Estland zum Digital Government-Vorreiter in Europa wurde*, https://blogs.adobe.com/digitaleurope/de/governmental-affairs/wie-estland-zum-digital-government-vorreiter-in-europa-wurde/. Besucht am 01.12.2019
3. C. Allen in *The Path to Self-Sovereign Identity*, https://github.com/WebOfTrustInfo/self-sovereign-identity/blob/master/ThePathToSelf-SovereignIdentity.md. Besucht am 1. Dezember 2019
4. *BCCC – Member company*, https://bccc.global/wp/about/company/. Besucht am 26. November 2019
5. *Bdrive – Hochsicheres Speichern und Teilen von Dateien*, https://www.bundesdruckerei.de/de/loesungen/Bdrive. Besucht am 01.12.2019
6. *Bdrive Sicherheit – Whitepaper*, https://www.bundesdruckerei.de/de/WP-Detailseite-Bdrive-Sicherheit-0. Besucht am 01.12.2019
7. *Bitcoin-Blase – Was sind Stablecoins*, https://www.bitcoinblase.at/was-sind-stablecoins/. Besucht am 20. November 2019
8. *Blockchain Bundesverband – New Position Paper: Self Sovereign Identity defined*, https://bundesblock.de/de/new-position-paper-self-sovereign-identity-defined/. Besucht am 1. Dezember 2019
9. *Blockchain Bundesverband – Self-sovereign Identity: a position paper on blockchain enabled identity and the road ahead*, https://www.bundesblock.de/wp-content/uploads/2019/01/ssi-paper.pdf. Besucht am 1. Dezember 2019
10. *Blockstack – Blockstack Technical Whitepaper v 2.0*, https://blockstack.org/whitepaper.pdf. Besucht am 1. Dezember 2019
11. *Blockstack – Easily build blockchain apps that scale*, https://blockstack.org/technology. Besucht am 1. Dezember 2019
12. *Brooklyn Microgrid – Overview*, https://www.brooklyn.energy/about. Besucht am 1. Dezember 2019
13. *BTC-Echo – National Blockchain Coalition fördert Blockchain in den Niederlanden*, https://www.btc-echo.de/national-blockchain-coalition-foerdert-blockchain-in-den-niederlanden/. Besucht am 25. November 2019
14. *BTC-Echo – Schweden nutzt jetzt offiziell die Blockchain für Grundbucheintragungen*, https://www.btc-echo.de/schweden-nutzt-jetzt-offiziell-die-blockchain-fuer-grundbucheintragungen/. Besucht am 25. November 2019
15. *Bundesblock – Blockchain Bundesverband*, http://bundesblock.de/2017/10/17/bundesverband-veroeffentlicht-positionspapier/. Besucht am 01.12.2019
16. *Bundesdruckerei GmbH – Was ist eine digitale Identität*, https://www.bundesdruckerei.de/de/Themen-Trends/Magazin/Was-ist-eine-digitale-Identitaet. Besucht am 1. Dezember 2019
17. *Bundesministerium der Wirtschaft und Energie und Bundesministerium der Finanzen – Blockchain-Strategie der Bundesregierung*, https://www.bmwi.de/Redaktion/DE/Publikationen/Digitale-Welt/blockchain-strategie.pdf?__blob=publicationFile&v=10. Besucht am 20. November 2019
18. *Bundesministerium der Wirtschaft und Energie und Bundesministerium der Finanzen – Online-Konsultation zur Erarbeitung der Blockchain-Strategie der Bundesregierung*, https://www.bmwi.de/Redaktion/DE/Downloads/B/blockchain-strategie.pdf?__blob=publicationFile&v=4. Besucht am 20. November 2019
19. *CBInsights Research Portal – Blockchain Trends In Review*, https://www.cbinsights.com/research/report/blockchain-trends-opportunities/. Besucht am 27. November 2019
20. *Clearmatics – Building the decentralised Financial Market Infrastructure (dFMI) of the Future*, https://www.clearmatics.com/about/. Besucht am 26. November 2019
21. *CoinDesk – How Bitcoin's Technology Could Reshape Our Medical Experiences*, http://www.coindesk.com/bitcoin-technology-could-reshape-medical-experiences/. Besucht am 01.12.2019

22. *Colony – Technical White Paper*, https://colony.io/whitepaper.pdf. Besucht am 01. November 2019
23. *Consensys – Blockchain and The Energy Industry*, https://media.consensys.net/the-state-of-energy-blockchain-37268e053bbd. Besucht am 1. Dezember 2019
24. *Datarella – Eine Dezentrale Autonome Organisation DAO – Was ist das*, http://datarella.de/dezentrale-autonome-organisation-dao-was-ist-das/. Besucht am 20.10.2017
25. *DerTreasurer – Daimler platziert Schuldschein via Blockchain*, https://www.dertreasurer.de/news/finanzen-bilanzen/daimler-platziert-schuldschein-via-blockchain-58651/. Besucht am 26. November 2019
26. *Dutch Blockchain Coalition – About the Dutch Blockchain Coalition*, https://dutchblockchaincoalition.org/en/about-dbc. Besucht am 25. November 2019
27. *E-Estonia*, https://e-estonia.com/. Besucht am 01.12.2017
28. *E-Estonia – KSI Blockchain*, https://e-estonia.com/solutions/security-and-safety/ksi-blockchain/. Besucht am 25. November 2019
29. *ElectricChain – Home*, https://www.electricchain.org/. Besucht am 1. Dezember 2019
30. *Eterna Capital – Blockchain Based Decentralised Cloud Computing*, https://medium.com/@eternacapital/blockchain-based-decentralised-cloud-computing-277f307611e1. Besucht am 26. November 2019
31. *EU Blockchain Observatory and Forum – Map*, https://www.eublockchainforum.eu/initiative-map. Besucht am 25. November 2019
32. *Gem – Health*, https://gem.co/health/ (Mit freundlicher Genehmigung von Gem®.)
33. *GitHub – Ethereum – A Next-Generation Smart Contract and Decentralized Application Platform*, https://github.com/ethereum/wiki/wiki/White-Paper. Besucht am 03. Mai 2019
34. *Guardtime-Federal – Keyless Signature Infrastructure*, https://www.guardtime-federal.com/ksi/. Besucht am 25. November 2019
35. *Handelsblatt – Strom aus der Nachbarschaft*, http://www.handelsblatt.com/technik/energie-umwelt/circular-economy/transactive-grid-mikronetzwerk-fuer-zehn-haeuserblocks/14793648-2.html. Besucht am 01.12.2019
36. *IBM – Watson Internet of Things*, http://www.ibm.com/internet-of-things/iot-news/announcements/private-blockchain/. Besucht am 04.01.2017
37. *IBM News Room – Maersk and IBM Introduce TradeLens Blockchain Shipping Solution*, https://newsroom.ibm.com/2018-08-09-Maersk-and-IBM-Introduce-TradeLens-Blockchain-Shipping-Solution. Besucht am 1. Dezember 2019
38. *International Business Times – Filament evolving entire IoT space using Bitcoin blockchain*, http://www.ibtimes.co.uk/filament-evolving-entire-iot-space-underwhelming-use-blockchain-1579096. Besucht am 01.12.2019
39. *Jolocom – Own your digital self*, https://jolocom.io/. Besucht am 1. Dezember 2019
40. *Landau Microgrid Project*, https://im.iism.kit.edu/1093_2058.php. Besucht am 01.12.2019
41. *LEADVISE Reply – DAO – Dezentrale Autonome Organisationen*, http://www.leadvise.de/latest-thinking/blockchain/dao-dezentrale-autonome-organisationen/. Besucht am 01.12.2019
42. *Let's Talk Payments – Know more about Blockchain: Overview, Technology, Application Areas and Use Cases*, https://letstalkpayments.com/an-overview-of-blockchain-technology/. Besucht am 01.12.2019
43. *Logistik Heute – Blockchain: Pilotprojekt zur Containerlogistik*, https://logistik-heute.de/news/blockchain-pilotprojekt-zur-containerlogistik-15175.html. Besucht am 1. Dezember 2019
44. *OpenBazaar – Buy and Sell Freely*, https://openbazaar.org/. Besucht am 15. Oktober 2019
45. *OpenBazaar – Escrow Smart Contract, Specification in OpenBazaar*, https://openbazaar.org/blog/Escrow-Smart-Contract-Specification-in-OpenBazaar/. Besucht am 15. Oktober 2019
46. *Port of Rotterdam – First blockchain container shipped to Rotterdam*, https://www.portofrotterdam.com/en/news-and-press-releases/first-blockchain-container-shipped-to-rotterdam. Besucht am 1. Dezember 2019

47. *R3 – Who we are*, https://www.r3.com/about/. Besucht am 26. November 2019
48. *SCF Briefing – Foxconn uses blockchain for new SCF platform after 6,5 million dollar pilot*, http://www.scfbriefing.com/foxconn-launches-scf-blockchain-platform/. Besucht am 01.12.2019
49. *SelfKey – Financial Services Signup made easy*, https://selfkey.org/. Besucht am 1. Dezember 2019
50. *Silicon – Neue Initiative will IoT mit Blockchain sicherer machen*, http://www.silicon.de/41639843/neue-initiative-will-iot-mit-blockchain-sicherer-machen/?inf_by=59799667671db810758b4634. Besucht am 01.12.2019
51. *Slock.it – Concept*, https://in3.readthedocs.io/en/develop/intro.html. Besucht am 1. Dezember 2019
52. *Slock.it – In3*, https://github.com/slockit/in3. Besucht am 1. Dezember 2019
53. *Slock.it – Incubed Client*, https://slock.it/incubed/. Besucht am 1. Dezember 2019
54. *Slock.it – Use cases*, https://slock.it/use-cases/. Besucht am 1. Dezember 2019
55. *Sovrin – Control Your Digital Identity*, https://sovrin.org/. Besucht am 1. Dezember 2019
56. *SSI Meetup – Decentralized Identifiers (DIDs): The Fundamental Building Block of Self-Sovereign Identity (SSI)*, https://www.slideshare.net/SSIMeetup/decentralized-identifiers-dids-the-fundamental-building-block-of-selfsovereign-identity-ssi. Besucht am 1. Dezember 2019
57. *Steem – An incentivized, blockchain-based, public content platform*, https://steem.com/steem-whitepaper.pdf. Besucht am 15. Oktober 2019
58. *Storj.io – Storj*, https://storj.io/. Besucht am 26. November 2019
59. *Storj.io – Storj: A Decentralized Cloud Storage Network*, https://storj.io/storjv3.pdf. Besucht am 26. November 2019
60. *TechCrunch – Decentralizing IoT networks through blockchain*, https://techcrunch.com/2016/06/28/decentralizing-iot-networks-through-blockchain/. Besucht am 01.12.2019
61. *TradeLens – Solution Architecture*, https://docs.tradelens.com/learn/solution_architecture/. Besucht am 1. Dezember 2019
62. *uPort – We build trust, so you can grow business, ecosystems, customers, communities*, https://www.uport.me/. Besucht am 1. Dezember 2019
63. *W3C – Decentralized Identifiers (DIDs) v1.0*, https://w3c.github.io/did-core/. Besucht am 1. Dezember 2019
64. *W3C – Leading the web to its full potential*, https://www.w3.org/. Besucht am 1. Dezember 2019
65. *W3C Credentials Community Group – DID Method Registry*, https://github.com/w3c-ccg/did-method-registry. Besucht am 1. Dezember 2019
66. *W3C Credentials Community Group – Sovrin DID Method Specification*, https://sovrin-foundation.github.io/sovrin/spec/did-method-spec-template.html. Besucht am 1. Dezember 2019
67. *W3C Credentials Community Group – DID Syntax*, https://w3c.github.io/did-core/#did-syntax. Besucht am 1. Dezember 2019
68. *Web of Trust Info – Decentralized Key Management System*, https://github.com/WebOfTrustInfo/rwot4-paris/blob/master/topics-and-advance-readings/dkms-decentralized-key-mgmt-system.md. Besucht am 1. Dezember 2019
69. *O. Wyman – Blockchain: The Backbone Of Digital Supply Chains*, http://www.oliverwyman.com/our-expertise/insights/2017/jun/blockchain-the-backbone-of-digital-supply-chains.html. Besucht am 01.12.2019
70. *Zhaw – Was ist der Unterschied zwischen Microgrids und Smart Grids*, https://www.zhaw.ch/de/lsfm/institute-zentren/iunr/ecological-engineering/erneuerbare-energien/microgrids/unterscheidung/. Besucht am 01.12.2019

Zusammenfassung 7

Zusammenfassung
Nun ist es an der Zeit, Schlüsse zu ziehen und das in den einzelnen Kapiteln Besprochene zusammenzufassen. Wir hoffen, es ist uns gelungen, Ihnen zu helfen, Ihren eigenen Standpunkt zur Blockchain-Technologie zu finden, und Sie konnten die im Buch bereitgestellten Informationen zusammenbringen mit Ihren eigenen Erfahrungen, um entscheiden zu können, was an der Blockchain-Technologie wirklich innovativ ist und was nichts weiter als ein Hype ist.

Wir leben in der Zeit der Digitalisierung. Gefühlt profitieren alle Bereiche unseres Lebens davon. Geschäftsprozesse, aber auch der Alltag, werden schlanker, schneller, effizienter und für uns komfortabler. Fast unbeeindruckt begegnen wir neuen Erfindungen und Innovationen. Das Bild eines Unternehmers, der seine Geschäftsinformationen auf einer großen Festplatte aufbewahrt und diese überall mit sich führt oder auf seinem Laptop speichert und diesen in einem Tresor in seinem Geschäft einschließt, scheint uns absurd und veraltet. Daten sollten schnell und von überall erreichbar sein und dabei absolut sicher aufbewahrt werden. Dafür nutzen wir entweder unsere eigene Infrastruktur aus Hard- und Software oder die eines Dienstleisters. Der Markt ist voll mit Lösungen; auf Anbieterseite begegnen wir aber mehr oder weniger Monopolen. Amazon, Google, Microsoft, Apple, SAP und Facebook teilen den digitalen Markt unter sich auf und die Kunden nehmen es meist dankend an, da diese Tech-Giganten uns interoperable[214] und in der Gesellschaft gut angenommene und verbreitete Lösungen anbieten. An diesen wird kontinuierlich weitergearbeitet, was uns ein Gefühl der Sicherheit gibt. So schenken

---

[214]Im Rahmen jeweiligen Anbieters. Z. B. die Interoperabilität der Apple-Lösungen.

wir den zentralisierten Lösungen unser Vertrauen und unsere Daten und nehmen die Abhängigkeit billigend in Kauf.

Satoshi Nakamoto schrieb in seinem Bitcoin-Paper,[215] dass der Handel im Internet fast ausschließlich auf Finanzinstitute angewiesen sei, die als vertrauenswürdige Dritte zur Abwicklung des elektronischen Zahlungsverkehrs agierten, und es keinen Mechanismus gebe, der Zahlungsabwicklungen über einen Kommunikationskanal ohne eine vertrauenswürdige Instanz erlauben würde. Dies war die Grundlage für die Nachfrage nach einem elektronischen Zahlungssystem, das das Vertrauen durch kryptographische Nachweise ersetzt und den einzelnen Nutzern erlaubt, direkt miteinander zu interagieren, ohne dass ein vertrauenswürdiger Dritter dafür benötigt wird. So flammten die Idee und der Wunsch nach Dezentralisierung wieder auf, wie zur Zeit der Entstehung des Internets.

In diesem Buch haben wir bereits mehrere Herausforderungen dezentraler Systeme im Vergleich zu zentralisierten Modellen beschrieben. Prozesse wie Ressourcen- und Systemverwaltung werden auf alle Nutzer im System verteilt. So entsteht die erste Herausforderung, eine Einigung auf einen „für alle richtigen" Zustand des Systems[216] zu erzielen. Die Einigung, der sogenannte Konsens, wird dadurch erschwert, dass die einzelnen Systemnutzer einander nicht kennen und einander nicht vertrauen (siehe Abschn. 3.3). Dazu kommt, dass der eine oder andere Nutzer böswillig sein kann und das System zu manipulieren versucht (siehe Abschn. 4.2).

Historisch wurden Konsenslösungen für dezentrale Systeme mit zahlreichen Bedingungen verknüpft (permissioned system). So musste z. B. die Anzahl der Systemnutzer und/oder ihre Identitäten bekannt sein. Solche Lösungen wie der Byzantine Agreement (BA) Algorithm, Paxos oder Raft sind für dezentrale Systeme mit begrenzter/statischer Nutzerzahl gedacht. Dabei wird eine Mehrheitsentscheidung zwischen den vorausgewählten Nutzern (so genannten Master-Nutzer oder master nodes) getroffen. Ein solches System wird als robuster bezeichnet, je mehr böswillige Nutzer dieses unter realen Bedingungen tolerieren kann. Trotz der Bedingungen blieb die Gefahr des Sybil-Angriffs. Dabei erstellt der Angreifer in einem dezentralen System viele falsche „Identitäten", um die Kommunikation im System zu manipulieren oder zu stören [5].

Der „für alle richtige" Zustand des Systems in der Blockchain-Technologie wird durch die „längste Kette[217]" gewährleistet (siehe Abschn. 3.3). Mit anderen Worten: die Reihenfolge und die Ausführung der Inhalte (Transaktionen, siehe Abschn. 4.1.1), die in der längsten Kette sind, sind entsprechend der Nutzerabstimmung korrekt. Da die Nutzer mit ihrer Rechenleistung (Proof-of-Work, PoW) über die „längste Kette" abstimmen, heißt das am Ende auch, dass die Kette mit den meisten Stimmen die meiste Arbeit beinhaltet. So setzt der in der Blockchain-Technologie verankerte Nakamoto-Konsensmechanismus

---

[215] Bitcoin: A Peer-to-Peer Electronic Cash System [1].

[216] Welche Reihenfolge und welche Ausführung der Inhalte korrekt sind und welche nicht.

[217] Die Inhalte werden miteinander in einer bestimmter Form kryptographisch verbunden (siehe Abschn. 4.1.1, 4.1.2).

7 Zusammenfassung

darauf, dass in einem System ohne Teilnahmebedingungen (permissionless system) die Mehrheit der Rechenleistung in den Händen von ehrlichen Nutzern ist und nicht, dass die Mehrheit der Nutzer ehrlich ist. Die Nutzer sind frei, dem Netzwerk beizutreten oder dieses zu verlassen.

Nutzer werden für ihren Einsatz bei der Stimmabgabe belohnt. Um Verluste möglichst gering zu halten (Energieverbrauch durch Aufwendung von Rechenleistung) und um den Wettbewerb um die Belohnung zu gewinnen, müssen sich die Nutzer an die Regeln halten. Dieser Wettbewerb um die Belohnung hat im Bitcoin-System zu einer „Aufrüstung" der Hardware bei den an der Konsensbildung beteiligten Nutzern (Miner) geführt. Viele Miner schließen sich zu sogenannten Mining-Pools zusammen, um ihre Rechenkapazitäten zu bündeln. Das führt dazu, dass der Energieverbrauch und die damit verbundenen Kosten immer weiter steigen. Der Vorwurf der Elektroenergieverschwendung ist der größte Kritikpunkt am Proof-of-Work-Konzept.

Manche Blockchain-basierten Anwendungen setzen daher auf Alternativen zu PoW, z. B. auf das Proof-of-Stake-Konzept. Im Gegensatz zu PoW basiert das PoS-Konzept nicht auf dem zu erbringenden Aufwand an Rechenleistung, sondern auf dem Anteil an digitalen Münzen einer Kryptowährung. Ein Nutzer, der n Prozent der digitalen Münzen besitzt, darf n Prozent der Blöcke erstellen. Die Sicherheit der PoW-Alternativen ist allerdings wesentlich geringer (siehe Abschn. 3.3 und 4.2).

So kommen wir zur nächsten Herausforderung und zwar zum Skalierbarkeitstrilemma[218] (siehe Abschn. 4.2.2). Beim Versuch, die Blockchain-Technologie an die eigenen Bedürfnisse anzupassen und diese „effizienter" zu gestalten, geht entweder die Dezentralität oder die Sicherheit des Systems verloren. Ein Blockchain-basiertes System (PoW-basierte Public Blockchain) kann daher in puncto Effizienz mit einer vergleichbaren zentralisierten Lösung, wie z. B. Hyperledger Fabric oder Ripple (nutzen eine Permissioned Blockchain) mit Tausenden von Transaktionen pro Sekunde [2] nicht konkurrieren. Das liegt nicht daran, dass die Blockchain-Technologie noch neu und unoptimiert ist, sondern ist in ihrer Natur selbst begründet [2].

Daher entscheiden sich Unternehmen bei der Entwicklung von Public-Permissionless-Blockchain-Lösungen für eine dezentrale und sichere Lösung und tüfteln an ihrer Skalierbarkeit, so wie die bekanntesten und erfolgreichsten Beispiele, Bitcoin und Ethereum (siehe Abschn. 4.2.2). Zentralisierte so genannte Private- oder Private-Permissioned-„Blockchain"-Lösungen oder die in der Zeit des Blockchain-Hypes entstandene Distributed-Ledger-Lösungen (z. B. IOTA) geben die Dezentralität des Systems zugunsten einer skalierbaren, hoch effizienten und sicheren Lösung auf. Dabei wird weggegangen von den Ursprungsgedanken und -Zielen der Bitcoin- und Ethereum-Blockchain und zurückgekehrt zur Einschränkung der Nutzer-Berechtigungen. Die Einschränkungen bedeuten, dass Nutzer sich authentifizieren und autorisieren müssen, um das System nutzen zu können [2].

---

[218]Der Begriff stammt ursprünglich vom Vitalik Buterin, Mitbegründer von Ethereum.

Bei alledem stellt sich die Frage, inwieweit das noch eine Blockchain ist. Was dürfen wir als Blockchain und Blockchain-basiert bezeichnen? Geht es dabei nur um bitcoinähnliche Projekte mit den ursprünglichen Parametern und Zielen oder geht es bei dem Begriff nur um eine kryptografisch referenzierte Blockkette?

In den Jahren 2016 und 2017, als der Hype um die Blockchain-Technologie ihren Höhepunkt erreicht hatte, haben sich zahlreiche Unternehmen auf ein „Blockchain-Experiment" eingelassen. Jedes mit einer eigenen Vorstellung, was die Blockchain ist. So wirkte der Hype um die Blockchain-Technologie nicht nur als Entwicklungstreiber, sondern war gleichzeitig auch häufigste Ursache für zahlreiche Misserfolge. Die Planungs- und Entwicklungsphasen vieler Projekte wurden dabei extrem verkürzt, um das Produkt schnellstmöglich in den Markt zu bringen und von dem Hype zu profitieren. Auch zahlreiche technische Konzepte und Projekte, die bereits vor der Blockchain-Technologie existierten und wenig mit ihrer Innovation zu tun hatten, konnten sich unter dem Namen „Blockchain" besser verkaufen. Daher ist die Enttäuschung über die durch den Hype hochgepriesene Blockchain-Technologie nicht überraschend.

Noch heute[219] wird über die „richtige" Definition der Blockchain-Technologie diskutiert. Daher haben wir uns im Buch auf die Innovation der Blockchain-Technologie konzentriert und die Vorteile betrachtet, die diese Technologie im Vergleich zu bereits vorhandenen älteren Lösungen bietet. Die Blockchain ist weder ein neuer Verschlüsselungsalgorithmus noch eine „Alientechnologie", sondern eine innovative Kombination bereits vorhandener technologischer Ansätze aus der Kryptografie, den dezentralen Netzwerken und Konsensfindungsmodellen. Dabei bleibt der Schwerpunkt auf einem robusten und sicheren dezentralen System ohne Bedingungen an die Systemnutzerzahl oder deren Identifizierung.

Oft nennt man ein auf der Grundlage der Blockchain-Technologie konzipiertes Netzwerk Internet der Werte („Internet of Value"). Dieser Begriff betrifft nur die erste Generation der Blockchain-basierten Projekte (bitcoinähnliche Projekte). Ein Wert hat in der Blockchain-Technologie immer einen Besitzer. So wird im „Blockchain-Register" ein aktueller Stand dokumentiert, wem gerade der Wert gehört. Daher wird die Blockchain-Technologie oft mit einem öffentlichen Register verglichen.

Hinter der zweiten Generation der Blockchain-basierten Projekte steht eine Weiterentwicklung des ursprünglichen Konzepts der Blockchain-Technologie. Dabei wird nicht nur ein robustes und sicheres dezentrales System für die Protokollierung des Wertbesitzes geboten, sondern das System agiert als ein großer dezentraler Computer mit Millionen von autonomen Objekten (Smart Contracts), die in der Lage sind, eine interne Datenbank zu pflegen, Code auszuführen und miteinander zu kommunizieren [7]. Ethereum gehört beispielsweise seit dem Jahr 2014 zu den ersten Projekten der zweiten Generation.

Beide Konzepte befassen sich damit, den jeweiligen Stand des Systems zu aktualisieren und zu protokollieren. In der ersten Generation geht es um den aktuellen Stand eines

---

[219]Zum Zeitpunkt des Entstehens dieses Buchs.

Wertes, also wem ein bestimmter Wert (unspent transaction output – UTXO) gehört. Bei der Blockchain 2.0 geht es um den aktuellen Stand eines Accounts (account state – balance, code, internal storage).

Diese Accounts werden z. B. in einem Ethereum-Netzwerk in zwei Typen unterteilt: externe und interne Accounts (siehe Abschn. 4.1.1). Nutzer des Ethereum-Systems besitzen externe Accounts und können mithilfe der Transaktionen Ether an andere externe Accounts „transferieren" oder sie können interne Accounts, die den Smart Contracts zugeordnet sind, mithilfe der Transaktionen aktivieren. Die Smart Contracts haben eine Adresse und verfügen über einen Account und eigenen Code, welcher sie steuert (mehr zum Thema Smart Contracts, siehe Abschn. 5.1.2). Der Code kann beliebige Regeln und Bedingungen implementieren und somit komplexe Anwendungen abbilden. Diese Anwendungen laufen ohne jeglichen zentralen „Koordinator" auf den Rechnern aller vollständigen Nutzer und bilden somit einen zensurresistenten dezentralen Welt-Computer (world computer) [3, 6, 7]. Die komplexeren Smart Contracts stellen so genannte dezentrale autonome Organisationen (DAO – decentralized autonomous organisations) dar, deren Funktionen abhängig von den vordefinierten Bedingungen automatisch ausgeführt werden können.

So ist ein Blockchain-basiertes System in seiner „Ursprungsform" (Public Permissionless Blockchain) dann sinnvoll, wenn es um ein Anwendungsszenario geht, in dem zahlreiche Nutzer, die sich nicht kennen und einander nicht vertrauen, miteinander interagieren möchten und wo es kein Vertrauen in eine zentrale Instanz oder in jegliche Mittelsmänner gibt. Für andere Szenarien bieten herkömmliche Lösungen, wie z. B. eine Datenbank die geeignetere Technologie [2].

Angenommen, Sie haben sich für eine Blockchain-basierte Lösung entschieden. Als Nächstes sind weitere Kriterien zu erfassen, wie z. B. das Kosten-Nutzen-Verhältnis. Darauf basiert die Entscheidung, ob Sie auf eine bestehende Lösung setzen oder eine eigene entwickeln lassen (siehe Kap. 5). Die nächste Frage betrifft das eigentliche Ziel, genauer gesagt den „Inhalt" Ihrer Anwendung, nämlich: welche Interaktionen sollen zwischen den Nutzern stattfinden? Liegt der Schwerpunkt Ihrer Anwendung darauf, dass der Zustand, genauer gesagt der Besitz eines Wertes, sicher erfasst und protokolliert werden muss? Zum Beispiel der Besitz von Wertpapieren, eines Kunstobjekts, eines Produkts oder die Protokollierung der Urheberrechte. Für solche Zwecke ist eine einfache UTXO-basierte Blockchain 1.0 ausreichend. Wenn aber Ihre Anwendung komplexer sein soll, dann ist eine accountbasierte Blockchain 2.0 die bessere Wahl; beispielsweise, wenn die Zustände eines Wertes oder einzelner Nutzer-Accounts größere Flexibilität bieten sollen, oder die Interaktion Ihrer Nutzer an komplexe Bedingungen gebunden ist, die automatisch kontrolliert und ausgeführt werden sollen. Mithilfe der Smart Contracts, können Sie beliebige komplexe Anwendungen, s. g. decentralized Applications oder kurz dApps, erstellen und diese dezentral ohne weiteren Mittelsmänner steuern und nutzen.

Ob ein UTXO- oder ein accountbasiertes Modell verwendet werden soll, hängt also nicht vom Einsatzgebiet der Blockchain-Technologie, sondern von der konkreten Problemstellung ab. Dabei sollten Sie die Schwerpunkte und Eigenschaften des jeweiligen Modells betrachten und sich fragen, ob sie Ihrem Konzept entsprechen. Es ist ratsam, sich zuerst der Problemstellung zu widmen und erst dann nach einer passenden Technologie zu suchen, sich mit dieser auseinanderzusetzen und sich deren Stärken zunutze zu machen.

Die Entwicklung einer neuen Blockchain bietet Ihnen große Flexibilität und Freiheit bei der Zusammensetzung der gewünschten Funktionalitäten und Regeln, allerdings auf Kosten der Entwicklungszeit und Sicherheit, da Änderungen an den bereits bestehenden Lösungen zu Sicherheitslücken und Mängeln führen können. Da der Quellcode vieler Blockchain-basierter Systeme öffentlich ist, steht es Ihnen frei, diesen für eigene Blockchain-Anwendungen einzusetzen und entsprechend anzupassen. Bitcoin-, Ethereum- und Hyperledger-Systeme haben sich in der Blockchain-Szene gewissermaßen als Standards behauptet.

Es gibt zahlreiche Projekte und Anbieter auf dem Markt, die Unternehmen bei der Blockchain-Einführung unterstützen. In den vergangenen Jahren sind diverse Konsortien entstanden und Lösungen entwickelt wurden, die „Blockchain-as-a-Service[220]" anbieten. Zahlreiche Einsatzgebiete wurden bereits von der Blockchain-Technologie erobert und immer mehr Unternehmen bieten fertige, für spezielle Bereiche angepasste Lösungen an. So dürfte es derzeit wohl kaum einen Einsatzbereich mit dezentraler Infrastruktur geben, in dem noch keine Blockchain-Einführung versucht wurde.

Die gängigsten Anwendungsfälle sind die Folgenden (siehe Kap. 6):

- Nachverfolgung des Wertebesitzes;
- Gemeinsames Verfügen über bestimmte Werte (Multi-Signature);
- Stimmabgabe;
- Automatisierte Verträge;
- Spiele, unter anderem Glücksspiele;
- Identitäts- und Reputationssysteme;
- Dezentrale Märkte;
- Dezentrale Datenspeicher oder Datenverarbeitung;
- Dezentrale autonome Organisationen.

Durch die breite Praxis und intensive Forschung hat die Blockchain-Technologie eine rasche Entwicklung vom ursprünglichen Einsatzbereich einer Kryptowährung bzw. eines dezentralen Registers zu einer programmierbaren dezentralen Vertrauensinfrastruktur durchgemacht. In dieser Zeit hat die Blockchain-Technologie auch den Anstoß für weitere P2P-Lösungen gegeben und die Entwicklung der benutzergesteuerten und langlebigen Identität des 21. Jahrhunderts oder vielleicht sogar der fehlenden Identitätsschicht des Internets vorangebracht [4, 8].

Wir hoffen, uns ist es mit diesem Buch gelungen, Ihnen zu helfen, die mit der Blockchain-Technologie und ihrem Einsatz verbundenen Fragen für sich beantworten zu können und Ihren eigenen Standpunkt zur Blockchain-Technologie zu finden. Wir hoffen

---

[220] Dafür wird oft eine Private Blockchain eingesetzt.

auch, alle dazu erforderlichen Informationen zusammengestellt zu haben, sodass Sie nun mit Ihrer eigenen bisherigen Erfahrung unterscheiden können, was an der Blockchain-Technologie wirklich innovativ und was nichts weiter als ein Hype ist.

Literatur

1. S. Nakamoto, *Bitcoin: A peer-to-peer electronic cash system*, (2008)
2. M. Scherer *Performance and scalability of blockchain networks and smart contracts*, (Umea University, 2017)
3. G. Wood, *Ethereum: a secure decentralised generalised transaction ledger*, (EIP-150 Revision, 2014)
4. C. Allen in *The Path to Self-Sovereign Identity*, https://github.com/WebOfTrustInfo/self-sovereign-identity/blob/master/ThePathToSelf-SovereignIdentity.md. Besucht am 1. Dezember 2019
5. *BitcoinBlog.de – Ein Startup, Sybils Angriff und die Privatsphäre*, https://bitcoinblog.de/2015/03/19/ein-startup-sybils-angriff-und-die-privatsphare/. Besucht am 01.12.2019
6. *Bits on Blocks – A gentle introduction to Ethereum*, https://bitsonblocks.net/2016/10/02/gentle-introduction-ethereum/. Besucht am 12.02.2019
7. *GitHub – Ethereum – Ethereum Development Tutorial*, https://github.com/ethereum/wiki/wiki/Ethereum-Development-Tutorial. Besucht am 03. Mai 2019
8. *Sovrin – The Inevitable Rise of Self-Sovereign Identity*, https://sovrin.org/wp-content/uploads/2018/03/The-Inevitable-Rise-of-Self-Sovereign-Identity.pdf. Besucht am 1. Dezember 2019

Anhang A: Byzantine Agreement Algorithmus

Der Byzantine Agreement Algorithmus bietet eine Lösung für das Problem der byzantinischen Generäle und erlaubt somit eine Einigung zwischen Knoten („Generälen") in einem synchronen System mit einem Drittel fehlerhafter oder böswilliger Knoten. Laut Lamport [1] erstellt jeder Knoten (Rechner, Nutzer) einen Vektor mit denjenigen Werten, die er von anderen Knoten erhalten hat. Nachdem die Vektoren konstruiert worden sind, werden diese ausgetauscht. Jeder Knoten prüft alle erhaltenen Werte aus jedem Vektor, trifft eine Mehrheitsentscheidung und verwendet diese als Ergebnis des Algorithmus. In seiner Arbeit nutzt Lamport zwei Restriktionen für die Lösung: Versenden von mündlichen und signierten Nachrichten. Aufgrund dessen wurden zwei Algorithmen entwickelt (siehe [2]). Für den Einsatz des Algorithmus in einem verteilten Netzwerk mit gleichberechtigten Knoten, deren Anzahl dynamisch wächst, müssen weitere Restriktionen vorgenommen werden.

Anhang B: Automatically use TOR Hidden Services

Quelle: [3]

Starting with Tor version 0.2.7.1 it is possible, through Tor's control socket API, to create and destroy "ephemeral" hidden services programmatically. Bitcoin Core has been updated to make use of this. This means that if Tor is running (and proper authorization is available), Bitcoin Core automatically creates a hidden service to listen on, without manual configuration. Bitcoin Core will also use Tor automatically to connect to other .onion nodes if the control socket can be successfully opened. This will positively affect the number of available .onion nodes and their usage.

This new feature is enabled by default if Bitcoin Core is listening, and a connection to Tor can be made. It can be configured with the -listenonion, -torcon- trol and -torpassword settings. To show verbose debugging information, pass -debug= tor.

Anhang C: Verifizieren der Transaktion im Bitcoin-System

Quelle: [4]

1. Check syntactic correctness.
2. Make sure neither in or out lists are empty.
3. Size in bytes < MAX_BLOCK_SIZE.
4. Each output value, as well as the total, must be in legal money range.
5. Make sure none of the inputs have hash $=0$, $n=-1$ (coinbase transactions).
6. Check that nLockTime <= INT_MAX, size in bytes >= 100, and sig opcount <= 2.
7. Reject "nonstandard" transactions: scriptSig doing anything other than pushing numbers on the stack, or scriptPubkey not matching the two usual forms.
8. Reject if we already have matching tx in the pool, or in a block in the main branch.
9. For each input, if the referenced output exists in any other tx in the pool, reject this transaction.
10. For each input, look in the main branch and the transaction pool to find the referenced output transaction. If the output transaction is missing for any input, this will be an orphan transaction. Add to the orphan transactions, if a matching transaction is not in there already.
11. For each input, if the referenced output transaction is coinbase (i.e. only 1 input, with hash $=0$, $n=-1$), it must have at least COINBASE_MATURITY (100) confirmations; else reject this transaction.
12. For each input, if the referenced output does not exist (e.g. never existed or has already been spent), reject this transaction.
13. Using the referenced output transactions to get input values, check that each input value, as well as the sum, are in legal money range.
14. Reject if the sum of input values < sum of output values.
15. Reject if transaction fee (defined as sum of input values minus sum of output values) would be too low to get into an empty block.
16. Verify the scriptPubKey accepts for each input; reject if any are bad.
17. Add to transaction pool.

© Springer-Verlag GmbH Deutschland, ein Teil von Springer Nature 2020
C. Meinel und T. Gayvoronskaya, *Blockchain*,
https://doi.org/10.1007/978-3-662-61916-2

18. Add to wallet if mine.
19. Relay transaction to peers.
20. For each orphan transaction that uses this one as one of its inputs, run all these steps (including this one) recursively on that orphan.

Anhang D: The Byzantine Generals Problem

Quelle: [1]

We imagine that several divisions of the Byzantine army are camped outside an enemy city, each division commanded by its own general. The generals can communicate with one another only by messenger. After observing the enemy, they must decide upon a common plan of action. However, some of the generals may be traitors, trying to prevent the loyal generals from reaching agreement. The generals must have an algorithm to guarantee that

1. all loyal generals decide upon the same plan of action. The loyal generals will all do what the algorithm says they should, but the traitors may do anything they wish. The algorithm must guarantee condition A regardless of what the traitors do. The loyal generals should not only reach agreement, but should agree upon a reasonable plan. We therefore also want to insure that
2. a small number of traitors cannot cause the loyal generals to adopt a bad plan.

Anhang E: Atomic cross-chain trading

Quelle: [5]

A and B are two Nodes, that hold Units (coins) on different blockchains. A picks a random number x A creates TX1: "Pay w BTC to <B's public key> if (x for H(x) known and signed by B) or (signed by A & B)" A creates TX2: "Pay w BTC from TX1 to <A's public key>, locked 48 hours in the future" A sends TX2 to B B signs TX2 and returns to A

1. A submits TX1 to the network
   B creates TX3: "Pay v alt-coins to <A-public-key> if (x for H(x) known and signed by A) or (signed by A & B)"
   B creates TX4: "Pay v alt-coins from TX3 to <B's public key>, locked 24 hours in the future"
   B sends TX4 to A
   A signs TX4 and sends back to B
2. B submits TX3 to the network
3. A spends TX3 giving x
4. B spends TX1 using x

This is atomic (with timeout). If the process is halted, it can be reversed no matter when it is stopped. Before 1: Nothing public has been broadcast, so nothing happens Between 1 & 2: A can use refund transaction after 48 hours to get his money back Between 2 & 3: B can get refund after 24 hours. A has 24 more hours to get his refund After 3: Transaction is completed by 2

- A must spend his new coin within 24 hours or B can claim the refund and keep his coins
- B must spend his new coin within 48 hours or A can claim the refund and keep his coins

For safety, both should complete the process with lots of time until the deadlines.

Anhang F: Ethereum Roadmap

Ethereum 2.0 (Serenity) Phases [6, 7]. Design Goals

- Decentralization: to allow for a typical consumer laptop with O(C) resources to process/validate O(1) shards (including any system level validation such as the beacon chain).
- Resilience: to remain live through major network partitions and when very large portions of nodes go offline.
- Security: to utilize crypto and design techniques that allow for a large participation of validators in total and per unit time.
- Simplicity: to minimize complexity, even at the cost of some losses in efficiency.
- Longevity: to select all components such that they are either quantum secure or can be easily swapped out for quantum secure counterparts when available.

Phase 0

- The Beacon Chain.
- Fork Choice.
- Deposit Contract.
- Honest Validator.

Phase 1

- Custody Game.
- Shard Data Chains.
- Misc beacon chain updates.

© Springer-Verlag GmbH Deutschland, ein Teil von Springer Nature 2020
C. Meinel und T. Gayvoronskaya, *Blockchain*,
https://doi.org/10.1007/978-3-662-61916-2

Phase 2

- Phase 2 is still actively in Research and Development and does not yet have any formal specifications.
- See the Eth 2.0 Phase 2 Wiki for current progress, discussions, and definitions.

Literatur

1. L. Lamport, R. Shostak, M. Pease, *The Byzantine generals problem*, vol 4.3 (ACM Transactions on Programming Languages and Systems (TOPLAS), 1982), pp. 382–401
2. D. M. Toth, *The Byzantine Agreement Protocol Applied to Security*, (Worcester Polytechnic Institute, 2004)
3. *Bitcoin – Automatically use TOR Hidden Services*, https://bitcoin.org/en/release/v0.12.0. Besucht am 01.12.2019
4. *Bitcoin Wiki – Protocol rules*, https://en.bitcoin.it/wiki/Protocol_rules. Besucht am 01.12.2019
5. *Bitcointalk.org*, https://bitcointalk.org/index.php?topic=193281.msg2224949#msg2224949. Besucht am 01.12.2019
6. *EthHub – Ethereum Roadmap – Ethereum 2.0 (Serenity) Phases*, https://docs.ethhub.io/ethereum-roadmap/ethereum-2.0/eth-2.0-phases/. Besucht am 20. August 2019
7. *GitHub – Ethereum – Ethereum 2.0 Specifications*, https://github.com/ethereum/eth2.0-specs. Besucht am 20. August 2019
8. T. Gayvoronskaya, B. Eylert, *Smartcard-Einsatz für sicheren, personaliesierten Dateitransfer im Automotive Bereich*, (Wildau, TH, Masterarbeit, A2013/0201, 2012), p. 109
9. D. Schwartz, N. Youngs, A. Britto, *The Ripple protocol consensus algorithm*, vol 5 (Ripple Labs Inc White Paper, 2014), p. 5
10. *Bitcoin Wiki – Bitcoin Core*, https://en.bitcoin.it/wiki/Bitcoin_Core. Besucht am 18.04.2017
11. *Colony-Picture*, https://wallscover.com/images/colony-7.jpg. Besucht am 11.10.2017
12. *Etherscan.io – Ethereum Block Time History*, https://etherscan.io/chart/blocktime. Besucht am 15. August 2019
13. *Guardtime – Our Technology*, https://guardtime.com/technology. Besucht am 14.10.2017
14. *Tor Project – Tor: Hidden Service Protocol*, https://www.torproject.org/docs/hidden-services.html.en. Besucht am 20. Mai 2019

Stichwortverzeichnis

A
Angriff (51-Prozent-Angriff) 10, 57, 60
ASIC 55
Atomic Swap 88

B
Bidirectional Payment Channels 74
Bitcoin 11
Block 48, 50
Blockchain-Konsortium 103
Blockchain-übergreifend 88
Blockkette (Blockchain) 34, 51
BTC 11, 86
Byzantine Agreement 36

C
Cloud 95
Colored Coins 84
Confirmation Period 89
Contest Period 89

D
DAO 96
Delegated Proof-of-Stake 35
Dezentrale Autonome Organisation 96
Dezentrales Netzwerk 2
Distributed Ledger Technology (DLT) 56, 104
Doppelter Hashwert 49

E
ECDSA 21, 70
Ether 46
Ethereum 43, 46, 50, 63, 70

F
Federated Byzantine Agreement 36
Fork 9, 34, 51, 56

H
Hard Fork 56, 87
Hash 18, 21
Hashrate 53

I
Identitätsmanagement 104
Internet der Dinge (Internet of Things) 106

K
Konsens 9, 31, 116
Konsensalgorithmus 31, 42, 50
Konsortium-Blockchain 23
Kryptografie 18, 40, 49
Kryptowährung 11, 31, 98, 102, 117

L
Lightning Network 75

M
Merged Mining 91
Merkle-Root 50, 67
Micropayment 72
Micropayment-Kanäle 72
Miner 33, 44, 50, 52, 91
Mining 52, 55, 60
Mining hardware 55
Minting 35, 50

© Springer-Verlag GmbH Deutschland, ein Teil von Springer Nature 2020
C. Meinel und T. Gayvoronskaya, *Blockchain*,
https://doi.org/10.1007/978-3-662-61916-2

N
Nonce 46, 53

O
Off-Chain-Transaktionen 72
Oracles 86, 110
Orphan Block 9, 51

P
Peer-to-Peer Netz 2, 23, 95, 108
Pegged Sidechains 88
Private Blockchain 56, 104, 107
Private Key 18, 21, 30, 44
Proof-of-Burn (PoB) 35
Proof-of-Stake (PoS) 34, 35, 52, 59, 72
Proof-of-Work (PoW) 33, 35, 52, 72
Public Blockchain 57, 64
Public Key 18, 21, 29, 44, 73
Public Key Infrastruktur 82

Q
Quorum Slices 36

S
Schwierigkeitsgrad (Difficulty) 53, 65
SHA 20, 48
Sicherheit 6, 11, 18, 22, 41, 52, 59, 89, 94
Sidechain 88, 89
Simplified Payment Verification (SPV) 25, 89
Skalierbarkeit 66, 70
Smart contracts 43, 85, 99
Soft Fork 48, 56, 69, 90
Stellar Consensus Protocol (SCP) 36

T
The DAO 56, 87
Transaktion 8, 10, 21, 43, 85
Two-Way-Peg 88

U
Unspent Transaction Output 43

V
Verträge 6
Vertrauen 2, 6, 27, 58, 61, 64

Z
Zielvorgabe 48, 52

Ihr Bonus als Käufer dieses Buches

Als Käufer dieses Buches können Sie kostenlos das eBook zum Buch nutzen. Sie können es dauerhaft in Ihrem persönlichen, digitalen Bücherregal auf **springer.com** speichern oder auf Ihren PC/Tablet/eReader downloaden.

Gehen Sie bitte wie folgt vor:
1. Gehen Sie zu **springer.com/shop** und suchen Sie das vorliegende Buch (am schnellsten über die Eingabe der eISBN).
2. Legen Sie es in den Warenkorb und klicken Sie dann auf: **zum Einkaufswagen/zur Kasse.**
3. Geben Sie den untenstehenden Coupon ein. In der Bestellübersicht wird damit das eBook mit 0 Euro ausgewiesen, ist also kostenlos für Sie.
4. Gehen Sie weiter **zur Kasse** und schließen den Vorgang ab.
5. Sie können das eBook nun downloaden und auf einem Gerät Ihrer Wahl lesen. Das eBook bleibt dauerhaft in Ihrem digitalen Bücherregal gespeichert.

EBOOK INSIDE

eISBN 978-3-662-61916-2
Ihr persönlicher Coupon hq4dRNmcmhJKZcp

Sollte der Coupon fehlen oder nicht funktionieren, senden Sie uns bitte eine E-Mail mit dem Betreff: **eBook inside** an **customerservice@springer.com**.